日本のスーパーベンチャーが
世界を制覇する日

宇宙を翔ぶ

KR-19

スペースシャトルを成功させた画期的ハンダ

日本アルミット社長
沢村経夫著

宇宙を翔ぶＫＲ―19スペースシャトルを成功させた画期的ハンダ

目　次

日本のスーパーベンチャーが世界を制覇する日

宇宙を翔ぶKR―19

スペースシャトルを成功させた画期的ハンダ

日本アルミット㈱社長　沢村経夫

目次

第１章

世界を相手の販売戦略

アナハイムコンベンションセンターにおけるインターネプコンショウ（1982年10月）＝沢村社長（左）とソリッド商事柏木社長

1　宇宙を飛ぶＫＲ―19

スペースシャトルのコロンビア号が無事地球に帰還した時、日本アルミット社にどよめきが起きた――

これは一九八四年七月十四日付『毎日新聞』が私の会社、つまり日本アルミット株式会社について報じたリード部分の一節である。同紙の「これがベンチャーだ」と題する続き物は、この日以後三回にわたってわが社の歩んできた道を記したが、実をいうとあのスペースシャトルにアルミットの製品が使われ、宇宙旅行を成功させて帰還したというニュースに接したとき、私たちの社内では決してどよめきなどは起らなかった。むしろ、より厳粛に、より冷静にそれを受けとめ、世界人類の英知を集めたスペースシャトルに日本の、それも無名の一中小企業の製品が使用されたという事実を感慨深く噛みしめていたのであった。

それより前、わが社の製品ＫＲ―19がスペースシャトルに使用されたという報告は、アメリカ出張中の松本輝政＝現営業課長＝から電話で受けていた。

「アルミットが宇宙を飛んで行くんだよ、社長。聞こえますか、モシモシ、あの、宇宙を飛ぶんですよ」

松本の声は弾んでいた。アメリカでの代理店を引受けているタネトロン社の谷本社長らと祝盃であげているのかもしれない。かなり、酔っぱらっているし、いつも冷静な彼にしては声が上ずるほど興奮もしている。

「酔っているのか、キミは、宙を飛んでいるのはキミの方だよ」

「いやいや、スペースシャトルに使われることが決まったんです。ビッグ・ニュースです。新聞に早速発表して下さい。モシモシ、聞えますか――」

遠く太平洋を越えて伝わる松本の声、それは苦節何年かの辛さ、哀しさ、腹立たしさを一挙に吹き飛ばすほど弾みに弾んだ報告ではあったが、彼が興奮すればするほど受話器を握る私の脳髄は冷たく冴え、これからの対策に目まぐるしく回転するのだった。

たしかに、アルミットKR―19がスペースシャトルに使用された意義は大きい。国際的にわが社製品が認知されたことを意味するし、会社の宣伝にも大いに利用できるだろうが、しかし、ことの成否を十分に確認してかからないと逆に生命《いのち》とりになる危険性さえある。

「まだ、新聞発表はしないよ。とにかく、リーチコーポレーションがスペースシャトルに使ったという証拠、例えば図面指定書のコピーをもらってくれ。それからでも発表は遅くない」

私は、こう言って電話を切った。

図面指定書のコピーを入手したのは、それからおよそ三か月の後である。松本の電話があって十日ほど経ったころ、私は突然の吐血に見舞われて死線をさまよい、日本医大永山病院に担ぎ込まれていたが、ようやく面会が許可された春四月、松本が息をはずませて病室へやってきた。

「ようやく指定書のコピーをもらいました。これがその一部です。社長、ここにリーチコーポレーション社の社名とNASA、それにKR—19の名がちゃんと入っています。アハハハ」

「やあ、ご苦労だった。一か月くらいしたら退院だ、その時、記者会見しよう。会社に帰ったら、工作舎に連絡して、一度、ここに来てもらってくれたまえ」

「工作舎になにをたのむのですか」

「カタログだよ、今のカタログは貧弱で、初期のKR—19の考え方で作られている。新しいカタログはもっとダイナミックで、しかもニュース性のあるものを作りたいと思っていたのだが、目玉がない。営業会議のたびに新しいカタログを作ってくれといわれても気がすすまなかったのは、目玉がなかったからだ。目玉って、スペースシャトルのことだよ。ベッドでおおよその構想を作った。六ページ、一面に、『スペースシャトルの扉をひらく』がタイトルだ。三頁の見開きは、『KR—19は新しいコストダウンの扉をひらく』……KR—19を必要とした』……カラー上質紙で、予算は三百万円だ。スペースシャトルだからお金をうんとはりこもう」

「今から作るのですか」

「そうだ。病室でもカタログは作れる。記者会見の時に、このカタログを配らなくちゃね。いま、色々構想を練っているから、退院したら、エンジン全開で動きだすぞ」

私の気炎に、松本はおどろいていたが、その後数度にわたるNASA通いの結果、NASA（アメリカ航空宇宙局）関係の、ヒューズエアクラフトスペースアンドコミュニケイショングループ、スペリーアビオニックス、パワーワンインコーポレーション、ロッキードミサイルアンドスペースカンパニー、ロバートMハドレイ社などにもKR—19が採用された。

一九八四年一月二十五日、東京晴海で聞開かれたインターネプコンショウには、NASAにKR—19を採用したレーダとか、衛星測定機器の社名入りフィルムパネルをヒューズエアクラフトが貸し出してくれて、展示場の主要テーマとすることができた。

さらにこの年六月、松本はアメリカから新しいニュースをもたらした。

「NASAのジェット推進研究所（カリフォルニア工科大学内にある）がアメリカのミル規格をとった世界の八社のハンダを比較したテストを公の費用でしたところ、あらゆる点で、KR—19がすぐれているという推薦《せん》書をNASA関係の会社に送ったと、ジェット推進研究所所員から聞きました。近くそのコピーをもらう予定です。いままで、NASA関係の多くはKR—19を使っていますが、あらためて、確認したという意味で重要だと思います」

2 大手商社に惑わされるな

ニューヨークのセントラルパーク近くのコロジアム会場で開かれたインターネプコンショウにKR—19を出品した。この会場をセットしたのは、その後、アメリカ総代理店の契約をしたタネトロン社である。社長の谷本依宜氏と、タネトロン社との橋渡しをしてくれた神戸の貿易商社ソリッド社長の柏木邦夫氏が同行した。

ちょうど五月頃であろうか、ホテルのホリデイインの近くのストアにさくらんぼが安く売っているので、袋一杯買ってきて、ルームの冷蔵庫に入れて、よく喰べたものである。

ネプコンショウの会場には、十数社が、ハンダ付け修正用のさまざまな形をしたバキューム付きの電気鏝が売られている。ということは、いかにアメリカではハンダ付け不良が発生するかということを如実に物語っている。

「アメリカ人は箸をつかわないから手先きが不器用である。だからアメリカ人は日本人とは比較にならぬ程、ハンダ付けに不良品が多いのですよ」

と、ロスアンゼルスのソニーの技術者が話をしてくれたと、わが社の松本課長が話をしてくれたが、まさしくそうであろう。

会期中、ゼネラルエレクトリックなどの同じ技術者が毎日たずねてくる。来るたびに、他の技術者をつれてくる。

「この間のサンプルありがとう。実にワンダフルだ。アメリカにこんな製品はないんだよ」

時たま、ソビエット大使館の科学専門家がたずねてきて、資料を要求する。

サンフランシスコのある電線メーカーのオーナーが小さな一センチ角の金属をもってきて、これにハンダ付けできないかというので、つけてみるとよくつく。

「これは、チタンとニッケルの合金で、今までどんなハンダもつかなかったんですよ。形状記憶合金です。温度センサーとしての役目もするが、ハンダづけできないと、電気抵抗がはかれないので困っている。ぜひ帰りにサンフランシスコに寄ってくれないだろうか、もしそうしてもらえるなら、今から、ヨーロッパ行きをキャンセルして、サンフランシスコに帰るから」

私は急拠、ロス行きを変更して、サンフランシスコに寄ることにした。

会期中、ある大手商社のニューヨーク支店からは一度もたずねてこなかった。事前に十分連絡もとり、東京での話では、必ずたずねて行くし、またニューヨーク支店は、ＫＲ—19をＲＣＡなどアメリカ有数の企業に売り込んでいるからという話でもあった。

しかし、大手商社の外国支店では、数人か十数人の社員が、鉄鋼、繊維、車輌、化学、プラント、船舶、非鉄などさまざまな分野を担当し、何億円というノルマと取組んでいる。これから何か月先に売れるか、わからないものに、エネルギーをそそぎこむ暇などないのである。

本社の営業員は、これは面白い、将来性もあるからと、さまざまな資料と一緒に外国支店にテレタイプを送りこむ。現場の社員は、せっせと送り込まれたテレタイプを選別しながらゴミ籠にほうりこむ、その選別こそが大事な仕事なのである。業を煮やした本社から、「経過を知らせよ」のテレタイプを打ちこむ。するとサンプル配布中、いまテスト中などの返事が打たれる。時たま、メーカーが直接乗りこんでくると、夕食を馳走し、有益な意見を交換し、将来のために役だったという情報が本社に送られて来るのが、オチなのである。

ニューヨークでのネプコンショウをおわって、ブロードウェイにある日本料理店で、テリ焼き風ビフテキを喰べ、バドワイザーの缶ビールを呑みながら、タネトロン社長の谷本氏にアメリカに本格的に進出する決意を話した。ＩＣ部品の輸出入を扱っているタネトロン社の社長は、

「将来のための布石として、どうしても大幅に伸びる商品を扱いたいと思っている。今度のネプコンショウの反響を見て、私も、いままでの迷いがふっきれました。私も、すべてをかけてやりますから、協力していただきたい」

「私は、アメリカ市場開発は、生やさしいものだと考えておりません。たとえ、タネトロン社と代理店契約を結び、タネトロン社がアメリカで動き出したとしても、決して、人まかせにしません。私は、このアメリカ市場開拓に三千六百万円をすてます。三年間毎月私どものベテラン営業員の松

本輝政を月に二十日間派遣しましょう。月に百万円はかかると予算を組みましょう。幸いなことに、いま日本では大手のメーカーに売りはじめ、月に百万円位を経費としておとせる余裕があります。

それなら、常駐させればよいと思うでしょう。しかし、一か月に二十日間アメリカに行き帰ることが大事なのです。アメリカの最新の情報をもって帰り、日本の最新の情報を、アメリカにもってゆく。その相乗作用によるメリットにくらべれば、行き帰りの航空機代などもののかずではありません」

私は、興奮しておもわず大きな声になった。

私は手をさし出して、タネトロン社の社長と手を握った。同席したソリッド社長も、その上に手を重ねた。

初夏のブロードウェイにも夕日が沈み、青や赤のネオンがまたたきはじめた。今夜はアルミットの歴史に残る一日だと、私は心中深く期するものがあった。

3　海外開拓に英語は不要だ

ロスアンゼルス市の郊外、ジョンウェイン空港前のマッカーサー通りに面して、ホテル・エアポートインがある。庭にブーゲンビリヤの紫色の花が咲いて、蜂雀が飛んでくるといった風情のホテルである。そこのロビーで、私と松本輝政と、米国総代理店のタネトロン社の谷本社長がミーティングをしていた。松本がアメリカにはじめて出張した時である。谷本社長は、

「いろいろな会社へ、KR―19を見本として出したが、クレームが殺到している。私は今まで、KR―19の普及のために、大変な犠牲を払ってきた。いま少し後悔の念がないでもない」

私はじっと、谷本社長の目を視ながら、

「それはおかしい、KR―19はいま、日本の大手のメーカに随分採用されている。しかしそれは決して楽に売れたのではない。日本で投入されたわれわれのエネルギーに比べれば、アメリカでのエネルギーは百分の一にも及ばないでしょう。それで売れるわけはありません。必要なのは、あなたが投入した人員と時間です。それに卒直に言わせてもらうと、あなたの悪いことは、手紙や電話でのクレームにおびえて、一度もお客さんをたずねていないことです。それで、クレームは解決するはずがありません。クレームの一つを例にとってみましょう。『匂いが強いから』というクレームには、いままでの匂いに馴れているから異臭と感ずるのです。いままでのヤニ入りハンダの匂いは、塩素ガスという有害な毒ガスが入っているのですから、それを使わないことがどんなによい事かわかると思います。KR―19を三日間使ってみて下さい。必らずKR―19の匂いは、よい匂いになります。このように説得すれば、みんなわかってくれます。明日から松本君をクレームのあるところ、すべて廻らせましょう、全部解決させましょう」

そこまで言って一息ついて、

「もしも、あなたがＫＲ—19の代理店を後悔なさっていなさるなら、他に代理店をさせてくれと、何社からも申し込みがあります。ことわざに、袖すり合うも他生の縁とありますが、こうして知り合った以上、何とかして成功させなければいけません。私はアメリカに全力をあげます。これは東京でも話したことですが、私は社員に、アメリカに行くことを外国へ行くと思うな、札幌へ行く感覚でよろしい。もう一つは、アメリカに売ることは、即、日本に売ることだと言っている。かつて、京都セラミックが東芝へ製品を売り込みに行ったが、東芝は相手にしなかった。そこでアメリカの超一流企業に売り込んだ。そのニュースが逆に日本に入ってきて、日本の大手メーカーが京都セラミックにかけつけたという有名な話があります。

だからこそ、私達はアメリカに力を入れているのです。今度、アメリカへ来る前に三和銀行新宿新都心支店の田中周允支店長におあいしました。田中支店長は、双手をあげて賛成してくれました。『アメリカに出ることで世界の技術水準がわかる。もし同じ技術分野で、レベルアップしたものが出てきても、日本に上陸する前に手が打てる。それに攻撃は最大の防御だよ』と、田中支店長に教えられました。私は本気で、アメリカと取組んでいます。ブロードウェイの誓いを忘れていません。松本を毎月二十日間、三年間で三十六回出張させます」

私はこういって、タネトロン社の社長の手を握った。社長も笑顔に闘志が湧き出ている。

「私は、アメリカ戦略の一つとして、ここに来る前に松本に話をしました。昔アルミニウムハンダを売り込む最初のとっかかりは、東芝小向工場でした。なぜなら東京近郊で一番大きく一番権威があったからです。ですから、私は松本にアメリカで一番権威のある会社から売り込めと命じました。人はそれを、沢村のトップダウン方式とよんでいます。トップをおさえれば、他は柿の熟しがおちるように取りやすいという意味です。これは、谷本社長の協力なしにはできません。営業もまたトップと交渉することもまた一つのトップダウン方式でしょうね」

この私の願いに、谷本社長は、よくこたえてくれた。

松本は、アメリカ行きがきまると、英会話本や、テープなどを買ってきて、英会話の勉強をしはじめた。それを見て私は言った。

「英会話を勉強すると、アメリカの市場開拓の妨げになるよ」

この言葉に、松本は、ぽかんとして、私がからかったのだと思ったらしい。そこで、

「車を運転する時、助手席にすわっている人は、いつまでも地図を覚えないことを知っているだろう。もし君が英語がペラペラになってみたまえ、君とアメリカ技術者が話をすることは、谷本社長やタネトロンの社員を運転席のわきの助手席にのせることになる。君が英語ができないと、谷本社長やその社員が通訳することになる。これは運転手になったと同じだから、KR—19の技術やセールス方法を必ずマスターするにちがいない。

そうすると、君が日本に帰っても営業のフォローを十分することができるし、もしアメリカ行きをやめても一人立ちできるでしょう。君が滞米中は、必ず同行しなければならないから、君の活動は、はしからはしまで知っている。それにもう一つの利点がある。おわかりかな」

「うん、今のことはよくわかりました。でも、もう一つの点はわかりません」

松本は、首を傾けた。

「君は、アメリカの超一流の会社に顔を出すんだ。すると相手は、必ずといってよいくらい、なぜ私のところにきたのかと訊ねるだろう。そのとき、君は何と答えるか」

私は、彼の顔をみつめて言葉を継いだ。

「あなたの会社はアメリカで一番、いや、世界一の企業だから門を叩いたのですと言うのだ。そのとき、君は覚えたての英語で言うより、日本語でそれを言う。英語を知らない君は、本当に日本からわざわざやってきた日本の営業マンであることを、自ら証明することになる。いいかね、英語もロクロク知らないような日本人が世界的な超一流企業に売り込みにきたと思えば、先方は呆れるよりも感心するのじゃないかな。あるいは、よほど自信のある製品を持ってきたなと考えるに違いない。では、テストしてみようということになる。君自身がアメリカ人の立場になって考えて見給え。欠点はすべて利点に置き変えることができるのだよ」

私は、松本に語りかけながら、米ヒューズ・エァークラフト社の高級技師がＫＲ―19のテストをしたときのことを思い出していた。

エァークラフト社とは、映画『飛行機野郎』の主人公といわれるハワード・ヒューズが創立した航空機メーカーで、戦時中軍の要請を受けて世界最大の輸送機をつくった。その企業のある技師がKR—19のテストをしたあと、しみじみとこう言った。

「ジャップには、二度やられたよ——」

ジャップとは、いうまでもなく日本人に対する蔑称だが、彼が思わずそれを口に出しだのは、あの真珠湾でアメリカ艦隊が大打撃を受けたショックと同等のショックをKR—19から受けたという意味である。彼は言ってしまってから照れ臭そうに大きな手を差し出し、私に握手を求めたが、その目は驚異と好意に満ちた輝やきを伴っていた。

4　アメリカの役人を利用しよう

京王線高幡不動駅前の住友銀行の裏に、「こすぎ」というちょっと小粋な小料理屋がある。中央大学の教授や多摩動物園の先生、高幡不動の和尚さんなど常連ばかりの面白い店である。そこでインテリア・タマの宮本社長と、時々顔をあわせる。

あるとき、私が話したのは、

「日本でよい製品を作ることは、同時に国際性があるということでなければならない。みんな外国に物を売るのは、大変なことだと思っている。しかし、お金がないならないで、売る方法がいくらでもあると思います。

昭和四十年代の石油ショック後の苦況時代に、何とかして泥沼から這い出ようと模索していた頃です。Uベンドまたはリターンベンドという熱交換器の銅のフレオンガスが通るパイプのハンダづけ部分の自動化を考えました。アメリカから自動機が入ってきているが、それは、ハンダ付部分に一つづつ炎をバーナーで当てるという方式なので、どうしても専用機にならざるを得ません。またパイプのハンダ付部分に片方から炎を当てるので、温度ムラをおこして、流れ不足のピンホールができる。そのホールに水が入って、凍結と冷却をくりかえして、一年ほどたつと、気密洩れがおこり、それが、冷蔵庫やルームクーラの故障の原因になる。

それを解決しようと、色々考えた。どんなタイプのUベンドのハンダ付にも利用でき、しかも温度ムラのない自動ハンダ付機をつくり出した。これは、東京の細山熱器の湯本さんの協力を得て完成した。バーナーの中を水を通して、過熱を防ぐというのは、湯本さんのアイデアであるが、それには、おどろかされました。これは、国内や韓国にもかなりの数を売りましたが、こういう自動機の営業やフォローのむつかしさを知って大変勉強になった。

この機械の話を、大和物産の丹羽一郎さんに話をすると、ミシガン州政府の日本の商務代表の横山さんを紹介してくれた。

横山さんに、Uベンド自動ハンダ付機のカタログや資料をわたすと、二十日後に、ミシガン州内の企業で、この機械に関心ある企業の一覧表を送ってきた。

私と丹羽さんが、デトロイトの空港に降りると、胸にミシガン州政府のワッペンをつけたお役人が、『ミスター沢村』と手を差し出したのには、びっくりした。ホテル・エアポートインでさっそく歓迎の夕食、卓上にミニチュアの日の丸と星条旗が交差して置かれている。翌朝、朝早く、ミシガン州政府の一メートルほどのマークの入った大型車で、私達を関心のある企業二十社に毎日つれてまわってくれた。私の最初のアメリカ体験だった。この時は、さして収穫はなかったが、この体験で得た利益は、はかり知れなかった。もしこのことがなかったら、今のKR―19のアメリカ進出の機会は生れなかったに違いない」

ざっとこのような話を何回かに分けて、水割りウイスキーの肴にした。また、日本でも役人たちは〝公僕〟ということになっていて、憲法でも国民に対する奉仕ということが謳われているが、国民の側のお上《かみ》意識とともに役人の側に官尊民卑的な思想が根強く残っているのは否めない。

しかし、アメリカの役人は大いに違う。私は州政府のお役人と数日間行動をともにして、公僕の〝僕〟の意味がようやく判った。つまり、おおやけのしもべという役人に必要なのは、州民や企業に奉仕しなければならないという精神である。

昼食のとき、夕食のとき、州政府の役人がすべて支払いをすませてしまうので、私たちは困ってしまい、お礼の意味で最後の日に私たち主催のパーティーに招待したいと申し出たのだが、その返事が心憎かった。

「私は東京の商務代表の指示で動いているだけです。あくまでもこれは公務（ビジネス）です。パーティーに招待して下さるおつもりでしたら、日本にお帰りになったあと東京の関係者を大いにご馳走してやって下さい」

米国ミシガン州政府のロベルト・スコット氏と
ミッチェル・ミラー氏とともに（中央著者）

　アメリカではこうやっている、アメリカ人の考え方はこうだ――と、アメリカに行ってきた人たちがアメリカ礼讃を繰り返すのを日本では、「アメション」といって笑ったことがあるが、いいことはアメリカであろうとヨーロッパであろうと、どしどし取り入れるべきである。

　アメリカの役人には、いろいろ参考になる意見の持主がいる。

あるとき私は、「どの企業と手を結んだらよいと思うか」と訊ねたところ、「それを私にきくのはおかしい。私はあなたの希望する会社を紹介するのが役目なのであって、その中から選択して提携先を決めるのはあなた自身の仕事だ」と言う。たしかに、そうだ。思わず、私は恥ずかしくなった記憶がある。

このような話をインテリア・タマの宮本さんにした。そして、

「日本人は、もっと州政府の役人を利用する方がいいですね。とくに、まだアメリカには日本に入っていない良い製品がたくさんありますからね、州政府の商務代表に頼んでドシドシ輸入すればよい。彼らに頼めば、わざわざアメリカに行かなくてもすみますし、貿易摩擦を防止する一助にもなりますしね。しかし、私はやはり、アメリカへ行くことをおすすめします。今では往復十六万円ぐらいの格安キップもありますから、ぜひ一度行ってごらんなさい。わざわざ日本からきたという姿勢で行くんです。私はアメリカのホテルで、とても素晴らしい浴槽を見ましたので、日本に戻って随分探してみましたが、わが国のメーカーではまだ作っていませんでした。あなたは住宅関係のインテリアですから、そんな商品を輸入したらいいと思います。国産の同じような商品を扱うと、安値競争ばかりに追われて、自分の首を自分で締めているようなものではありませんか」

こう言うと、宮本さんはこっくりと頷いた。

5　要注意！　アメリカにも詐欺師はいる

某月某日、私の中学時代の先輩の比野木さんがある会社の社長をつれてたずねてきた。

「あなたの会社のアメリカ進出がうまくいっていると、比野木さんに聞いたので、ぜひあなたのご意見をききにきたのです。アメリカで営業コンサルタントと契約して、全国的なレップ組織を作ったのです。それが、一台も、全く一台も売れないのですよ」

石油ストーブのメーカーの社長は、深刻な表情であった。私は、ハハーンやられたなと思った。

私自身、それにはにがい経験がある。

「営業コンサルタントに莫大な金額の契約をしました。ホテルでミーティングをします。コンサルタントが沢山のレップを集めて、全米の販売網を作り、商品説明会をやります。我が事成れりと、社長は、ニコニコしています、そこで契約金の一部または全部を払います。すると、ちょっと出張するとか言って、姿を消してしまう。レップは、全国に散ってしまう。しかし、どこからも一台も注文がない。そうでしょう」

「まったくそうです。そのとおりです」

詐欺にひっかかったのである。

ここで少しアメリカの流通機構について述べてみよう。レップとは、日本で言えばセールスであるが、いささかちがう。レップは、一定の地域を販売網にしている。例えば、デトロイト市を縄張りにして、代理店またはメーカーと販売契約を結び、その販売区域内にセールスに行く。注文をとると、代理店またはメーカーに発注する。注文を受けた代理店またはメーカーは、レップを通さず直接、最終需用者に、商品を納品する。やがて、最終需用者から代理店またはメーカーにレップを通さずに代金が支払われる。代理店またはメーカーは、レップとの契約条項にしたがい、規定の%で手数料、いわゆるコミッションがレップに支払われるのである。この他に、ディストリビューターがある。一見、日本の問屋に似ているように思われるが全くちがう。全国的なレップを組織することをうけおう会社である。レップが組織され、レップから注文がきて、商品が流れはじめると、契約にしたがって、ディストリビューターに、例えば三%のコミッションが払われるのであって、ここでもディストリビューターを通しては一個の商品もまた一銭の金も流れない。

日本人から見れば、品物が流れてないから、代理店またはメーカーにコミッションをごまかされはしないかという不安があるが、そこはうまくしたもので法律の国であるから、もしそんなことをしたら相当の補償料がとられると考えてよいであろう。よく日本でおこるような、小売店や商社に喰われてしまう心配はない。

アメリカは広い国であるから、ショウのはたす役割りは大きい。その一つは、レップやディストリビューターにとって、良い商品をさがす草刈場でもある。レップが面白い商品をさがしてたずねてくる。

「私は、シカゴのレップだが、この区域のレップはもうきまっただろうか。もしきまっていなかったら、あなたのホテル名を教えてくれ、指定した日時にたずねてゆくから」

指定された時間にレップは、日本の履歴書のようなものを持ってくる。それには、自分の販売区域と、現在扱っている商品名、現在納入している会社名、および納入実績などをしるしたシートをもってくる。それをもとに、レップと代理店は契約を結ぶ。契約期間が満了すると代理店は、一言の予告もなしに一方的に契約の満了、実質的解約ができる。もちろん、成績のよいレップとは解約はあり得ない。ショウに、あるお客、たとえば、ヒューレットパッカード社のある工場の技術者がたずれてきて、

「私の工場は、サンフランシスコにある。君の会社のレップに連絡とりたいから名前と電話番号と住所を教えてくれ」

これが、アメリカのレップとディストリビューターの流通機構のおおよその説明である。

第三回目の渡米をして、ロス郊外のタネトロン社をたずねた。青々と芝生の拡った中にゆったりとした、別荘かと思う事務所がある。事務所に続いて、温調完備のテニスコートが二つほど入る倉庫がある。その事務所の応接間に、はでな縞模様の背広を着て、コールマンひげの下に、ダンヒル

のパイプで紫煙をくゆらせた紳士がいて、「やあ」という意味だと思うが、英語でなにかを言って、私に手をさし出してきた。

タネトロン社の社長が、こんど契約した営業コンサルタントだという。とうとうと、私の商品をほめあげて、アメリカの市場開拓の経験と抱負をしゃべっているらしい。時どきタネトロン社の社長が一部を訳してくれる。社長はうれしそうに、コールマン氏の横顔を見ている。翌日、オレンジカウンティーのホテルで、朝のミーティングがおこなわれた。営業コンサルタントが集めたレップを前に、商品説明およびセールスポイントの教育をするパーティーである。ホテルを見ると、いくつものパーティー会場があって、朝のミーティングがいくつもおこなわれている。全国からやってきたレップ達がホテルに泊り、朝の新鮮な気分のうちにミーティングをしようというわけだ。

朝食には、コーヒーおよび牛乳またはジュース、パンに、ゆで玉子、ハムといった簡単な朝食がでる。私は、谷本タネトロン社長の通訳で挨拶、次に谷本社長の商品説明、三番目は、コールマン氏の声涙ともにくだる名調子のセールスポイントの講議、話をきくレップは、いずれも一くせありそうな紳士ばかりで、彼らの質疑応答で幕となる。

その時は、レップとの契約がないから、散会すると、どことなく消えてしまう。コールマン氏も契約にしたがったコンサルタント料をもらうと、逐電してしまった。

後の祭りとはこのことをいうのであろう。コンサルタント料が馬鹿でかい。少くとも日本のコンサルタント料とは一けたちがう。

「少くとも、私の方が、日本での販売の実績をもっている。松本もしかり、コンサルタントをたのむ金があれば有能なセールスを一年間やとうことができる。後悔先にたたずだが、これにくじけずがんばりましょう」

朝のミーティングに参加したレップは、コールマン氏の部下か、その日だけやとわれたにわかレップだったらしい。

比野木さんと一緒にきた社長も、同様な目にあったらしい。私はさきほど、アメリカであろうとヨーロッパであろうと、よいことはよいものとして取り入れるべきだと書いたが、悪いことは世界中どこに行っても悪い。アメリカのこの詐欺師たちのヤリクチには、十分警戒しなければならない。

6　「ミル規格」の重要性とアメリカ人のフランクさ

昭和五十九年三月二十二日、東京板橋の都立工業技術センターで開かれた「ろう接技術研究会」に出席した。当日は、ハンダメーカーが三社と他はハンダを使うユーザーと、ハンダ関係者が三十人ほど出席していた。

この席上で、ハンダのＪＩＳ規格のことで発言を求められたので、本当のことを言ってよいかと

念をおした上で、
「この研究会の役員に、中田吉夫（仮名）さんがおられます。今日は本人が出席しておりませんが、私の発言は、当然本人に伝わるものとして、申し上げましょう。中田さんは日本のハンダの専門家です。その人が、公式の席上で、私の会社の製品、KR―19を名指しで、信頼性のないものだと発言しておられる。私は、中田さんが、酒の席や友達の間でおっしゃるならなにも申しませんが、公式の席で発言なさったことについて、だまっているわけにはいきません。ある時、中田さんから直接私に電話がかかってきて、日本電子材料技術協会でKR―19について講演をして欲しい。と言われたので、アメリカでの普及状況などを含めてお話しましょうと言いますと、アメリカの話は、いらない、と言われたので、おことわりした。

今、日本で必要なことは、世界の特にアメリカの技術水準でハンダのことを考えないと、日本のハンダ業界はおくれてしまうのではないでしょうか。日本のハンダメーカーは、大小あわせて六十社もありながら、私の会社を除いて、アメリカのミル（軍）規格をとっているところは一社もありません。

しかも、JIS規格をとっても、ミル規格はとれないのです。中田さんのつとめておられる、N電気が最近、アメリカのヒューズエアクラフト社と通信衛星についての技術提携をした。そのヒューズがKR―19を全面採用しました。アメリカには、ケスターなどという権威のあるハンダメーカーがあるにもかかわらず、日本の資本金一千万円の小さな会社のハンダを何故採用したのでしょう。世界で最も信頼性を必要とする航空宇宙局のＮＡＳＡが、ＫＲ―19を貴重な存在だと述べているのに、中田さんが信頼性がないとおっしゃるなら、また、それが日本のハンダ業界の姿勢だとしたら、おかしなものだと思います」

ＩＢＭの技術者が、日本でミル規格をとったハンダがないので困っていた。ＫＲ―19がミルをとっていることをはじめて知ったという意味の発言をした。

ミルは、ミリタリーのミルで、アメリカの軍の規格である。最初アメリカの民需に売るのに、ミル取得は必要ないと考え、社内でも意見がわかれた。

その後、民需に売るのでも、ビッグ産業といわれるところには、ミル規格があると、公式機関が性能を証明してくれたことになるので、大変有利だということになり、ミルの申請をすることになった。これについては、日本アルミットのアメリカ総代理店のタネトロン社の谷本依宜社長に負うところが大きい。おそらく谷本社長の協力なくして、とることはむつかしかったであろう。

ハンダのミル規格は、海軍の依頼で、コアーズというビール会社の一部が引受けて審査をしている。よくアメリカ向けの飛行機の中でサービスに出る缶ビールのコアーズ社である。

デートン市のサブライセンターにミル規格の申請をすると、この申請を受けつけるかどうかという予備審査がある。テストするにふさわしいかどうかを審査する。それには、ロッキード・ミサイル・アンド・スペース社が、ミル規格にもとづくテストをして、そのデータを出してくれたので、そのレポートを添付して申請した。しばらくして、東京代々木の私達の会社へ、正式の申請書を出すようにとの通知を受けとった。申請書にサインをして発送すると同時、ＫＲ—19を二五kg送った。その中から不作意に十五か所がえらばれて、厳重なテストがおこなわれる。

最初の申請は、性能テストはすべてＯＫになったが、金属成分は、不合格になった。サプライセンターによばれて、親切なサゼッションを受けた。まことに恥かしいことに、日本のＪＩＳ規格で規定された成分では、ミル規格がとれないことを初めて知ったのである。低温特性をよくするために、微量のアンチモニーの添加が必要とされるのである。

「鎌付けと溶接の話」の著者の進藤俊爾氏のお話によると、

「スコットとアムンゼンが南極大陸の探険を争った時に、スコットが遭難する。その原因は、いろいろ言われているが、最近の調査では、ハンダに責任があるといわれる。ハンダが低温脆性をおこして、粉になってしまったので、持参した燃料が石油缶から洩れてしまったため、凍死したのだ」

このように成分を指定してもらって、あらためて申請をして、テストの結果、登録ナンバーがきまり、政府の公式の機関から発表され、詳細なデータが送られてきた。

ミル規格の審査官は、

「アルミットＫＲ—19は、従来のハンダの規格からはみ出したハンダである。ＲＭＡという最高の品質は証明されたが、それでは、正確なKR—19の性能を証明したことにならない。今までのハンダは、品質がよくなるほど、ハンダ付け性が悪くなる。ところがKR—19は、品質もハンダ付けも抜群によいのである。それには、ミル規格そのものを変えないといけない。こんどの機会に、そのことを検討しよう」

私は、このアメリカのミル規格の審査官のフランクさにおどろいた。東洋の小さな会社のミル審査に米国の軍の法律を変えようというのである。その理由は、

「よいものを使うことができなければ、ミル規格は死んだものになる」

ミル（ＭＩＬ）を驚かせたＫＲ—１９ＲＭＡの高性能。ＱＱ—Ｓ—571Ｅ　ＭＩＬ認定書。

日本アルミット期別売上金額推移

期別	年　　度	製品売上数量	総売上収　入	期別	年　　度	製品売上数量	総売上収　入
	昭年月　昭年月	kg	千円		昭年月　昭年月	kg	千円
1	31. 3 ～ 31. 9		415	16	45.10 ～ 46. 9	34,224	114,525
2	31.10 ～ 32. 9		2,271	17	46.10 ～ 47. 9	45,602	137,386
3	32.10 ～ 33. 9		3,933	18	47.10 ～ 48. 9	67,701	207,838
4	33.10 ～ 34. 9	1,674	4,709	19	48.10 ～ 49. 9	56,020	221,577
5	34.10 ～ 35. 9	2,709	7,966	20	49.10 ～ 50. 9	29,400	155,413
6	35.10 ～ 36. 9	4,721	13,093	21	50.10 ～ 51. 9	40,515	221,391
7	36.10 ～ 37. 9	4,187	12,174	22	51.10 ～ 52. 9	35,296	205,256
8	37.10 ～ 38. 9	5,964	17,642	23	52.10 ～ 53. 9	45,893	236,852
9	38.10 ～ 39. 9	7,772	23,019	24	53.10 ～ 54. 9	63,727	315,535
10	39.10 ～ 40. 9	6,873	28,991	25	54.10 ～ 55. 9	88,582	427,512
11	40.10 ～ 41. 9	8,202	40,041	26	55.10 ～ 56. 9	111,368.03	527,671
12	41.10 ～ 42. 9	21,800	57,363	27	56.10 ～ 57. 9	121,413	608,349
13	42.10 ～ 43. 9	28,506	76,120	28	57.10 ～ 58. 9	148,729	729,622
14	43.10 ～ 44. 9	33,119	89,491	29	58.10 ～ 59. 9	（予想）	1,300,000
15	44.10 ～ 45. 9	39,418	39,418				

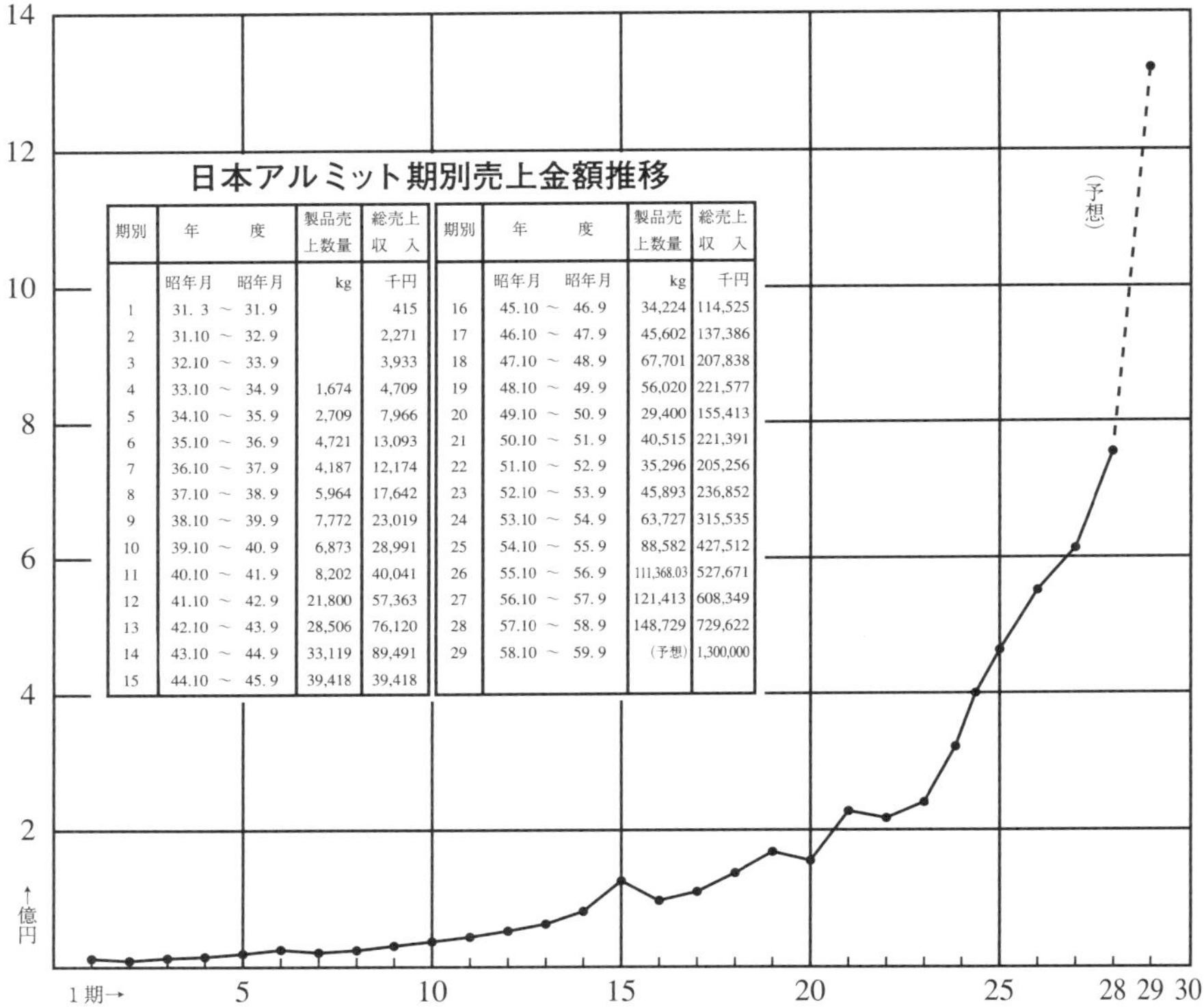

日本アルミット

〔所在地〕	〒151　東京都渋谷区代々木	〔業績〕	（100万円，円）		
	1 - 38		売　上	純益	配当
	☎ 03-379-2277	56.9	550	4	100
〔設　立〕	昭和 31年3月	57.9	608	5	100
〔資本金〕	1,000万円（500円額面）	58.9	729	14	150
〔従業員〕	45名	59.9（予）	1,300	‥	‥
〔事　業〕	アルミニウム用はんだ。ヤニ入り特殊はんだで独走				

第2章

こうして売上げを倍増した

カリフォルニアのA,L,Sコーポレーションの技術者トニー氏（左）KR—19の性能を日本語で説明する松本輝政営業課長（中央）と通訳のタネトロン社社員黒田氏。

1　売上げ倍々増ゲームの秘密

一九八四年の新春、私は家族と近くの高幡不動尊に初詣でをした。

帰宅して屠蘇（とそ）を祝い、なにげなく『日経産業新聞』に眼を通すと、「ベンチャー企業急成長」という大見出しで、全国一、〇〇〇社のベンチャー企業が紹介され、その成長率十九位に、わが日本アルミットがランクされているのに驚いた。十九位になっているが、資本金に対する売上高の比率で計算すれば、わが社は実質的には五位である。

昭和三十一年創立当時の日本アルミットは資本金百万円、従業員七名、年商四十一万円の全くの零細企業であった。

しかし、今では、宇宙を飛ぶスペースシャトルのＮＡＳＡ（アメリカ航空宇宙局）をはじめ、全米エレクトロニクス上位五十社のうち三十二社が、わが社の製品を採用し、売上高は正に倍々ゲームで、五十八年九月期の決算で、七億三千万円を記録した売上高が、五十九年同期では倍近い十三億円が見込まれ、二年後の六十一年度には売上目標六十億円の中期計画を立てるまでになっている。しかも安売りではなく十分適正な収益を見込んでいる。

戦後の作れば売れる時代はとっくに過ぎた。今では作っても売れない不況が長く続いている。こういう時代に、わが社の製品は一年間に売上げを二倍に増やした。「いかにして売上げを倍増させたか」と、マスコミ各社のわが社に対する取材攻勢が始まった。

「目からウロコが落ちる」という言葉がある。どんなに努力しても売れない苦難の時代が続いた。その中で、私は、目からウロコが落ちたのである。物の考え方が変った。メーカーという言葉は、誇り高き言葉だが、作ることは誰にでもできる。しかし、会社の仕事はただ作るだけではなく、売ること（営業）であり、新製品を生み出すこと（研究・開発）である。私は、作ることより、売ることに重点を置き、いかにして売れる製品を研究・開発するかに、全社の総力を結集した。オーナーの考え方が変ると、社員の考え方も変る。そして売れ出したのである。それを証明するのは数字が示す事実だけであろう。

日本アルミットの五十八年三月の売上実績は五千八百万円であった。それが五十九年同月では、一億一千五百万円になった。一年前に比べて正に二倍になったのである。

日本車の対米輸出を急増させたKR―19

私は三年ほど前に、韓国電子工業会の招きで訪韓し、講演をした。

「ちょうど去年の今日、私はアメリカのディズニーランド近くのオレンジカウンティーにあるホテルのミーティングで、アメリカ中から集ってきたレップを前に話をしていました。ご承知の通りいま日本とアメリカの間には自動車の輸出入をめぐって貿易摩擦が起っております。かつては、ほとんど国際競争力のなかった日本の自動車工業がこれはどまでになったのは、今後韓国の皆さんにも買っていただきたいKR―19といういままでなかった新しいハンダのおかげといっても過言ではないのです。

世界中どこでも、自動車の電装部品の故障は、頭を悩ます問題でありますが、その原因のほとんどがハンダ付けの不良からきています。

日本のクルマが怒濤のようにアメリカへ向けて輸出されはじめたのと、メーカーがKR―19を採用しはじめたのとは全く軌を一にしています。自動車だけでなく、あらゆるエレクトロニクスのハンダ付け問題を解決してしまうのがわが社のKR―19なのです。

私は、このような話をアメリカのレップたちにしました。さきほど来、韓国の電子工業が如何にして国際競争力をつけるかというお話を、皆さんは熱心にお聞きになっていましたが、私は、この問題は、わが社のKR―19を使えば即座に解決すると断言するでしょう」

翌日から日本アルミット韓国代理店の韓国アルミット工業の張基完社長は、一日じゅう鳴りっぱなしの電話に悩まされ続けた。

水商売の人たちの変り身の早さ

日本アルミットは、国電代々木駅の真ん前にある。駅のソバというのは、社員の通勤、製品の輸送、その他あらゆる点で効率的である。

代々木駅は山手線と中央・総武線との分岐点である。その先の新宿には、有名な歌舞伎町がある。エロ産業（セックス産業）花盛りといったところだが、いつでも感心するのはこうしたエロ産業や水商売の人たちの変り身の早さである。ホステスなど従業員の使い方もまさに絶妙、オーナーにとっては全くもって安全な仕組みになっている。

その仕組みを私たちは真似する必要はないが、彼らの変り身の早さには学ぶべき点がある。儲からなくなったらすばやく頭を切り換えて他へ転ずるその素早い対応の仕方はわれわれも見習うべきだ。倒産するまでしがみついて頭の切り換えの出来ない企業は、正に敗戦日本の姿そっくりだといっていい。

私は会社がよくならないのは、すべてオーナーの責任であると思っている。それは、私以外の他の人がそうだというのではなく、かつて私自身がそうであった自戒をこめていっているのである。まず、オーナーがものの考え方を変えること。そうすれば社員の考え方も変って来る。そして全社員の考え方が変ったとき、フェニックス（不死鳥）が廃墟の中から飛びたつように企業は生まれ変る。

パリの夜の街を歩きながら

私は最近ヨーロッパを回ってきたが、パリの夜の街を歩きながら、なるほどと感心した。ショップはガラスを閉めていたが、店内のウインドウは明るく照らされ、いろいろな商品が一目瞭然に見える。つまり、営業時間は終ってもその店で何を扱っているかを道行く人びとに知らすという工夫をしているわけだが、ネクタイ・ベルト・鞄・シャツなど、あらゆる商品がネーミングによって、他商品と区別され、二倍から数倍という値段で並んでいる。

これからの時代は、良い製品を他より高く売る――しかも、安い製品を使った場合よりも品質が良く、トータルコストもダウンできる、そんな商品を作って売る以外に、私たち中小企業の生きる道はない。そうした活路を見出すために必要な販売方法、あるいは宣伝といったことにも、考え方を変えるところからはじめなければならない。

2　ニーズから新製品が生まれる

昭和五十二年のある日、日本アルミットの営業部長の丸山和雄君に、福島県二本松の関東精器から、すぐ来て欲しいという電話がかかってきた。関東精器は、日産自動車の電装部品を製作している、二部上場の大手優良企業である。

ちょうどその頃、わが社は関東精器の依頼で、アルミニウム箔を使った印刷回路用のハンダ、アルミットKR―18を完成させたばかりの時だったので、恐らく、その量産の打合わせのために招ばれたのだろうと、私は思っていた。ところが、帰って来た丸山部長の報告は違っていた。

「ＫＲ―18は、なかなかよいハンダで十分実用化され得るのですが、印刷回路の基盤と、アルミニウム箔との間がうまくいかないのです。ハンダづけの熱影響を受けると、アルミニウムは熱膨張系数が大きいので、膨張して基盤とはく離をおこすことがわかったのです。

そこでお願いなのですが、ある日本の大手ハンダメーカーに依頼して、三年たっても解決しない課題があります。お宅の社はＫＲ―18のような厄介な課題にも挑戦してくれたのだからぜひお宅の社で、この課題に挑戦してもらいたい」

その丸山部長の報告を受けて、ＫＲ―18に少し大きな期待をかけていた私は、関東精器の技術者の提示した目標についての説明に耳を傾けた。

「今、自動車の電装部品のハンダ付の出荷後の事故が、どの自動車のメーカーでも問題になっています。特に、フロントの中の温度計やガソリンの流量計などの部品に、ニッケル―クロームの合金の抵抗器や、バイメタルなどのハンダづけ部分があり、従来のヤニ入りハンダでは、うまくつきません。それで種々の方法でごまかしているのですが、もともと自動車というのは、耐久消費財としては、もっともきびしい条件でつかわれています。温度だけをみても、零下何度から、百度以上の熱帯まで使われる。一日の間だけでも昼と夜は、たいへんなちがいである。また振動の強さといい時間といい、こんなきびしいところに使われるから、自動車の出荷後のハンダ付けの事故は、各社とも秘密にしているが、頭をなやまされています。それにつかえるハンダを作って欲しい」

さっそく私は、長谷川研究課長と丸山営業部長をヘッドとする研究開発のチームを作らせた。

わが社は、もともと、アルミニウム用ハンダを作るのが主たる仕事であるから、これまでヤニ入りハンダの分野は、恥かしいことながら、全く気にもしていなかったし、調査したこともなかった。

「今までヤニ入りハンダをやっていなかったことは、逆に利点になるのではないか、今までの既定の先入感に囚われずにやろうじゃないか。今まで、ヤニ入りハンダは塩素を不可欠と考えている。これは、世界共通の考えである。その塩素をつかっても、つきにくい金属があるのだから、塩素をつかうことをやめることから出発するべきだろう。それに塩素は、あらゆる経年事故のもとになっている。それに私達には大変な武器がある」

そこで私はくぎって、丸山と長谷川の二人の顔を見つめた。

「わかるかね、アルミ用ハンダフラックスを、営えいとして、二十年余にわたって研究してきた、特に高分子化学での分野での技術的蓄積という、他のハンダメーカーにない財産がある、これを最大限に生かさなくちゃ」

ヤニ入りハンダは、芯に松ヤニを入れる。その松ヤニの研究からはじめた、まったく白紙からの出発である。中国産と米国産の松ヤニ、それに人造松ヤニであるロジンがとりあげられた。天然松ヤニは、実にいろいろな成分がまじっている。中国産には、砂や釘や鉄くずすら入っている。この松ヤニの精製から研究がスタートした。

長谷川研究課長は、千葉工大の出身である。軽金属協会に務めていた。ある時、委員会で一緒になった。東芝の箱根の寮であった。

日本の弱電メーカーが集って、電導体としての銅をアルミニウムに切り換えるための研究会が開かれていた。その時、軽金属協会から出席したのが長谷川君であった。

ニーズから新製品が生まれる。KR-19は、関東精器の依頼によって研究開発された。「K」は関東精器の「K」である。

この研究会で、銅をアルミニウムに切り換えるためには、銅とアルミニウムをハンダづけする問題が解決しないと駄目だということになり、アルミニウム用ハンダメーカーの助力が必要だということになつて、私がよび出された。休み時間などで、雑談するうちに、これは面白い人物だと思いはじめた。なかなかくせがあるが独創性がある。ちょうど研究課の課長が欠員になっていた。たまたま彼が、近く協会をやめると洩らした。私は彼に研究所にきてもらい、即日課長に任命した。

私はつねづね、研究とは、研究担当者だけではできないと思っている。

大手のメーカーには、立派な研究所、立派な設備、立派な人材をかかえている。だが一番欠けているのは、「研究のテーマ」である。しかも研究という仕事は、明日のためという漠然たる未来のためだと思っている。それはまちがいである。研究と営業とは、二本の柱でなければならない。研究のテーマを見つけることは、その研究の半分が成功したと思ってよい、それほどに研究のテーマはむづかしい。名を忘れたがドイツの有名な科学者は、「研究は、物置小屋でもできる」と言っているように、テーマこそ大事なのである。最近といっても少し前にあったある有名な話がある。大手アルミメーカーの開発の課長が、あるビールメーカーから、生ビールのアルミ製樽の注文を受けた。家庭用に生ビールの缶を売ろうとした。このうすいアルミ缶の溶接は、なかなかむつかしい。他のアルミメーカーは、それを知っていたから引受けなかった。新任の開発の課長は引受けてしまった。社内の技術部門の非難の声があがった。しかし受注した以上は仕方あるまいということになって、それが、技術的に解決された。売れることがわかっていることは、市場開発の必要がない。となれば、テーマがきまれば、九十九％成功したと思ってよい。まさしく、KR—19の開発とはそんなものだという話を、近くの居酒屋で呑みながら長谷川君に話したのであった。

この時は正直いって、KR—19という名前も生まれていなかった。さきに開発したKR—18というアルミプリント回路用ハンダは、関東精器の依頼でつくったのでKをつけ、中に松ヤニを入れたので松ヤニのロジンのRをつけ、ハンダ付け温度の百八十度Cをとって18と名付けたのであった。

それを踏襲して、新しく作ったハンダにKR―19と名付けるまでに、約一年の歳月が経っていた。研究所で机上で、いくら、作る側から見て立派なものができたと思っても、工場へ出して、量産システムに流してみると、いろいろなクレームが出てくる。丸山部長は、もちまえの熱心さから、日参して、解決に努力した。鏝先の炭化の問題、品質管理のむつかしさ等、さまざまな問題を知ることができると同時に、関東精器もその優秀性をあらためて認識しだした。

出荷後の事故がなくなった。工場で人海戦術によってハンダづけしていたたくさんの女性が姿を消した。このKR―19を使うと、今まで手作業でしていたハンダづけが完全自動化に成功し、無人化されるようになった。

3　起債良企業に売り込もう

営業課長の松本輝政君が、新潟県長岡市の日本精機を訪れた時、技術者たちは、なにごとか長い会議をやっていた。松本君は、応接間で待たされた。日本精機は、本田技研の電装部品のメーカーである。年商三四七億円の超優良企業である。

私は、営業に行く前に、社の内容を調べることを絶対の条件にしている。しかも、利益率、成長率のよい会社を選ぶ。

昭和三十三年頃、まだアルミ用ハンダがぼつぼつ出はじめた頃である。PR紙のアルミットニュースに「日本無線がアルミットを採用したら株価が暴騰した」と書いたら、そこに赤線を引いて、ある重役がそのニュースを返送してきた。私はその重役に手紙を書いた。「お叱りは、ごもっともです。アルミットを採用した、そのメリットで株価があがったのでないことは明らかです。しかしそんな意味で私が書いたのではなく、アルミットという新しい製品を採用する姿勢が、あなたの会社の業績をあげたのです。どんなによい製品、どんなによい技術でも、それを採用すれば利益が上がるとわかっていながら、採用できない会社があります。その会社は動脈硬化症になっているのです。こんど日本無線は、射撃用レーダーの導波管にアルミットを採用し、ダイキャスト法ではないアルミ導波管をつくりました。アルミハンダで作るのです。そのために、大変な振動試験装置をつくりました。私の社のアルミハンダで作ることにより、アメリカ製の何十万円という導波管のコストを一けた安くすることに成功したのです。それにより受ける利益はたいしたことはありません、しかし、その会社や技術者の姿勢こそ会社を飛躍的に大きくすると思います」

応接間で待っている松本の前に、しばらくして日本精器の船田部長が姿を見せた。松本はアルミットKR―19が、関東精機のニーズによって生まれた製品である、日本精磯でも必らず必要な製品

であることを話すと、船田部長は、だまってきいていたが、真ぐ、今の解散した技術者を集めるように指示してから、

「ちょうどよかった、今ヤニ入りハンダのハンダ付け出荷後のクレームが問題になって、その対策のための会議をしていたのだよ。たった一台の自動車の電装部品が事故をおこしても、大変なアフターサービスが必要となる。今から直ぐきみの会社のハンダを説明してやってくれ給え」

まるで時間の打合せをしてきたような話に松本課長はおどろいてしまった。

日本精機はKR―19を採用した。はじめは一〇〇kg（月間）であったが次第に増えて、数百キロとなり、やがて、すべてのハンダづけにKR―19が採用となった。

昭和五十六年に、私の中学時代の同級生の白井敏雄君がブラジルからやってきた。ブラジルの国営航空機会社がアルミットKR―19を採用したいということになっての打合せであった。その時、日本精機の工場を案内した。その頃は船田部長は工場長になっていて、工場を案内してくれた。

私はその三年前、松本営業課長と同行して、工場を見せてもらったことがあるのだが、当時とは全く一変した工場の様子に驚いた。

まず白衣にきせかえられ、頭に白い頭巾をかぶせられ、クリーン室に入れられる、床にハイトリ紙式のシートの上を、スリッパで歩かされる。スリッパの裏のゴミをとり除くためである。工員も

すべてそうである。工場内には清浄な空気が送られるダクトが天井をつらぬいている。前にきた時は、工場は、メカの組立工場であった。今は、あらゆるＩＣが組立てられるエレクトロニクスの工場なのである。高級自動車の座席の下には、自動車がカーブを曲ると車体が傾斜する、それと同時に座席が傾斜する、その傾斜を感知して常に座席を水平にする装置が組みこまれている。運転手がアクセルを踏む、しかし、ＩＣは、無駄なアクセルを感知して、不必要なガソリンを送らないように自動制御するのである。

集積回路が自動車に採用されると、ハンダづけ部分がますます小さくなり数が多くなり、したがって、すぐれたハンダ付けが必要とされる。ＩＣのために生まれたといってもよいのがＫＲ―19なのである。

船田工場長は私たちにこう言った。

「いま本田技研は英国の自動車会社と技術提携して、現地で自動車をつくっている。なかなか人気があって、生産が注文にまにあいません。エンジンは日本で作って送っています。それはまにあうのだが、電装部品が、私のところから送っているのだが間にあわない。こんなに増産しているのにですよ」

4　営業コンサルタントを上手に使う方法

地下鉄心斎橋から徒歩三分の日本アルミット大阪出張所の近くで、ソーケン（株）の社長青山幸夫さんに、ばったり会った。おききすると近くに事務所があるので、おたずねした。

青山社長は、前に京都の日本ＬＣＡの重役をしておられ、当時、私達はＬＣＡと契約して、アルミ鋳物の分割鋳造の自動ハンダ付機の開発を、通産省の補助金をもらってやっていた。今は、営業コンサルタントの会社を手広くやっておられるので、色々お話をおききした。

私は、かねがね自分たちのやっている営業のやり方に、

「はたしてよいのだろうか、素人のやり方だから、もっと専門家の指導を受ける必要があるのではないか、獅子文六の小説の『てんやわんや』の中で、高知県の四万十川の川上に四国のチベットといわれる梼原村がある。そこでは、村の外から客があると、娘を伽（とぎ）にさし出し、朝、寝たしるしに窓に赤い蒲団を干す奇習がある。これは近親結婚による血の汚れを、外の血で浄化しようとする生きるための智恵であるが、私達の会社も、近親結婚をくりかえしているのではないか」

との危惧がいつも心の底にあった。

特にＫＲ―19というビッグ製品を開発し、日本だけでなく世界に売りこむためには、それが必要

だと考えた。

ソーケンの青山社長に、

「ぜひお願いしたい、しかし、今残念ながら、月に四、五十万円の金が出せないので、早く出せる態勢にします。その時、あらためて顔を出します」

その前にどうしても、やらなければいけないことがあった。それは経理の合理化である。大株主の新宮商行から監査役で入っている京屋恵造さんは、会計事務所の所長であるが、コンピューター会計をやっている。コンピューターで、精密な企業分析をしてくれる。

やっと余力が出てきたので、コンピューター会計を取り入れ、丸山営業部長と、原価分析、利益分析、経費の分析、在庫管理などを徹底的に習って、計数的な管理は、なにかを勉強した。今まで、自分たちが、いかに杜撰（ズサン）な経営をしているか思い知らされた。これからの内容改善と、会社のアキレス腱など経理面からの会社の特質を研究した。

その上で、月に百万円ほど利益が上るようになったので、かねて願望のソーケンと営業コンサルタント契約をした。

私たちの会社の担当は、妙代満さんになった。私は、先ず妙代さんに上座にすわってもらい、礼をつくすことからはじめた。営業コンサルサントの指導を受けるには、先ず社長が考え方を変えねばならぬ。社長がコンサルタントの指導を馬鹿にしては、社員はついてこない。営業の基礎理念の指導から、ソーケン独特の営業強化シートの作成が進み始めた。

少しずつ戦果が上りはじめた。月五百万円の利益が上るようになったので、アメリカ進出に本格的に取り組むこととし、月百万円、年千二百万円、三ヵ年を一サイクルとし、毎月営業課長の松本君をアメリカへ派遣することにした。三か年間投資して、その間の利益は余分なものとして、計画の売り上げに一切入れないことにした。

松下幸之助氏が、ふたまたソケットを発明してから、次第に大きくなり、やがて日本最大の弱電メーカーになるのだが、必ず利益を次の拡大のために投資して行く姿勢が、日本経済新聞の「私の履歴書」に書かれている。

アメリカへの投資は、予測しない反響をよびおこした。よい品物ならメーカーの大小を問わないのがアメリカ企業の考え方で、大手企業というより文字どおりのビッグ産業が、予想よりも早く採用しはじめた。そのニュースが日本に入ってきて、日本の大手企業が注目しはじめた。もう一つは、松本君が日本に毎月十日間帰ってくる。アメリカのビッグ産業に毎月、わざわざ日本から営業に行かせるハンダメーカーは、日本にはない。しかも、アメリカのビッグ産業の最新のハンダ技術やハンダに対する考え方をもってくるから、日本の技術者は興味をもつ。これが、すこぶる日本アルミットの企業イメージのアップになるし、また営業のプラスになる。

その頃、ＫＲ―19の売り上げが緩漫な伸びを示していた。私は胃潰瘍にやられ入院していたので、丸山部長に、あまり無理をするなといっていたが、年間二〇％増が気になっていた。私は、それを営業力の不足と考え、退院すると、営業力増加に月百万円、六人を増員した。

従来の名古屋地区総代理店の中部アルミットの資本を二倍にし、増資分をもたせてもらった。そのかわり、口も出させてもらい、営業を三人増やして、事務所も広いところへ移った。投資後、最初に社長の給料を三倍にしようと提案したが、二倍でよいというので、とりあえず二倍にして、利益があがれば三倍にすることにした。社員の給料をアップしてから、ソーケンの指導を、アルミットの費用で受けさせることにした。

急激な費用の膨張に、中部アルミットの社長佐藤正導氏は懸念したが、三か月後には、百万円以上の黒字になり、私は次は、五百万円を利益の目標にしようと提案した。

売り上げが増えはじめ、日本アルミットでは、月一千万円の利益が上るようになったので思い切って、その半分の五百万円を先行投資することにした。

東京と大阪で営業に六名、他に名古屋が二名と、全部で営業を八名増やし、また売り上げ増のため東京に発送荷造り管理に三名を増員した。また将来の売り上げ増に備えて、得意先管理と在庫管理のためにオフコンを導入し、オフコン要員にもと大沢商会につとめていた女性を採用した。

今後のために、秋川市に一億四千万円投資して研究所を建設した。この金利負担が月百万円、明治大学教授の川口先生をお招きし、研究所に新たに四名を採用した。

このような先行投資をするかたわら、現在の営業を徹底的に分析して、合理化する模索がはじまった。各社員の入社月からの一か月ごとの売り上げデータより営業員十九人の平均値を出すことによって、営業予測が、きわめて正確に出るようになってきた。また、どれだけ売るには、いつ何人採用してよいのか計画がたてられるようになった。

売り上げ成績のよいもの、悪いものの追跡を科学的にし、いかに楽をして売るかの方法が起案された。

「調査なくして営業なし」

のスローガンの下に、四名の調査専従者が各種の調査に従事する。現在のＫＲ―19の売先の追跡調査である。なに会社のどこの工場のどの部署の何の部品に何kg使われているか、採用されたメリットはなにか、これは、社外秘とされ、営業の有力な武器になる。また各工場の協力工場を含めた社内組織、人脈、使用量、納入ライバル会社、などの調査資料が営業にまわると、自ら、ターゲットがしぼられる。

朝早く社員が外に出て、夕方帰ってくるとオーナーは、にこにこしている。デスクワークをしていると、嫌味を言われたり、睨（ニラ）まれたりする。そんな経営者では、売り上げは伸びない。営業は頭である。営業の中身が問題である。当然社員教育が重視される。毎月東京、名古屋、大阪の営業員が東京へ一同に会して、会議が開かれる。ホテル代、交通費と計算すると百万円近くかかるが、そこで交換される情報と教育は、おぎなって余りある。

別に各地区ごとに社長とコンサルタント立会いのマンツーマン方式の個別の営業会議がひらかれる。

それでも、社員に社長の意志を徹底させることはむつかしい。人を動かす、もっともむつかしいことを、あきらめずにくりかえしてする以外に手はない。

昭和五十九年三月は今までで最高の売り上げとなった。月間売り上げ一億一千五首万円、前年同月が六千万円だったから、九〇%増が確認された。

5 宣伝は営業の援護射撃

「どんなに良い製品でもそれだけでは、良い商品になれない。良いことを多くの人に知ってもらってはじめて良い商品になる」

私がアルミットを始めた頃、石垣綾子さんの紹介状をもって、京橋近くの赤煉瓦のビルの暮しの手帖社をたずねた時の花森安治氏のことばである。

宣伝の必要性、宣伝の本質を、この花森安治氏のことばは、的確にあらわしている。私が三十歳になるかならないかの頃であるから、言葉の意味がわかっても、本当の意味がその時はわからなかった。

宣伝は、正確に英語で何というか知らないが、いわゆるプロパガンダの言葉のもつ扇動性から、一般に誇大宣伝という意味にとられている。しかし、冒頭にあげた宣伝の本質上、少くとも仕事をはじめようとする者にとって、宣伝は絶対必要なものである。

アルミットを最初に始めた頃は、毎月大変な赤字であったが、日刊工業新聞の記事中に、「工業用アルミハンダ」の目玉広告を月二回絶対切らさなかった。どんなに広告費をけずろうとされても、これを死守した。これは、一回で効果はないが、二年、二年と、何十年続けは続くほど、はじめて効果がでてくるのである。

アルミットのネーミングも、アリナミンなどの薬が五文字で明快であり、アルミハンダにふさわしいのでこれをえらんだ。昭和三十一年に、ある著名なデザイナーに当時五万円出してマークのデザインをしてもらった。

大封筒や小封筒を、新進気鋭のアドセンターにデザインさせて、いまだに使っている。

アルミハンダがぼつぼつ使われるようになると、「ここにアルミットがある」のタイトルで、毎月、「東芝の電気釜」「八木のテレビアンテナ」などの売り込先を調査して、アルミ関係雑誌の表を一年契約して載せ、次第に雑誌のわくを拡げ十誌に及んだ。この広告は、現実に使われている実態を使用先の社名入りでのせたのと、こういうタイプの広告がなかったから、以外な反響をよび、同じスタイルを十年以上続けた。

中小といっても零細企業では、少しくらい利益が上るようになっても、大手企業のような広告費を出せないから、少ない金で、いかに効果的にということになる。奇想天外な、ゲリラ戦術が必要で、人のまねをしない、めだつ広告や宣伝方法に腐心した。

アルミットを入れる筒のデザインやカタログには、私たちの会社にとっては、思い切った費用を使い、専門家にデザインしてもらった。

今まで物は造れば売れるという時代が長いこと続いたので、営業や宣伝の重要性が認識されていない企業が多い。角川春樹氏のはじめた映画製作に莫大な広告費をつぎこむ方式は、奇異な眼に移るが、作ることと、売ることは、二本の柱でなければいけない。私は最近は、作ることは二の次で、営業（売ること）と研究開発が二つの柱で、営業の中に、本来の営業と宣伝（広告を含む）が入ってくると思う。よくショウなどに出して、売れると思っているが、そんな性急な考えではだめで、広告は、あくまで営業の援護射撃なのである。

ＫＲ―19の開発が成功し、拡販に入ったが、わざと、五年ほどは、ほとんど広告をしなかった。やっとＫＲ―19が日本の大手企業にも認められるようになり、経済的にも多少の余裕が出てきたので、工作舎にたのんで、三百万円六ページのカタログを作った。それに、アメリカのスペースシャトルに使われたことが大きなカタログの目玉となった。同時に、日刊工業、日本工業、溶接新聞などに相当の予算を組んで全五段を使い、スペースシャトルをテーマとした広告をこころみた。

カタログでは、ＫＲ―19の需要情況などの変化に応じられぬところから、タブロイド版のニュースを発行した。

昭和五十九年一月の東京晴海のインターネプコンショウには、四コマをとり、デザインは、広舎にたのみ、総額約一千万円かけて出品した。英文のカタログは、アメリカ風のデザインで、英国のハンダの名門マルチコワ・ソルダー社の社長も、ワンダフルと激賞したはどデザインがすぐれていた。

そのショウには、アルミットニュース第9号を四頁、一万部発行し、会場で配布した。来場者の名刺は千二百枚、会場でアンケートをとって、需用者動向を調査した。

昭和五十九年四月末から二週間、ヨーロッパの市場調査に旅行した。帰って、ハンダおよびエレクトロニクス関係の辞書を作る必要に迫られ、製作進行中である。近くアルミットニュース10号が発刊されるが、その後で、英文ニュースを発行して、今後のイギリスおよびアメリカの拡販に役立てる。

五月二十八日、朝日新聞全国版の経済らんに、囲み記事で「異色の経営者」の写真入りで私の紹介記事が載りはじめると、堰を切ったようなブームがおこった。六月に入ると週刊文春六月十四日号で上前淳一郎氏が「読むクスリ」で二頁にわたってアルミットと沢村を紹介、つづいて、文芸春秋社発行の月刊雑誌「諸君！」が、「不可能を可能にしたはんだ」スペースシャトルに採用の見出しで、「日本を支える人と技術」のシリーズで、読売新聞の論説委員の中村政雄氏が九頁の記事と四頁のカラーグラビアで紹介、つづいて、十万部発行の経営新聞が全一頁で、「人と企業」で紹介、週刊「東洋経済」が本記事で、日経産業新聞、日本工業新聞、日刊工業新聞などでニュースが掲載された。八月には、日経ビジネスに、日経ベンチャーズ、アスキー社のいずれも創刊号などの取材がつづいており、広告費を使わない広告のブームである。

社長秘書の吉永美智子さんも応対にいとまがないほどである。

6　私のおかしな帝王学

私の会社の近くに、小料理屋「三陸」がある。きれいなママがいる。開店して五か月目位、どうも客が入らない。なかなか感じのよい店ですから、時々顔を出す。ある時、耳もとで、

「もうからないから、やめようかと思っている」

「東京で、アルミットの仕事を始めて、六年間、赤字だった。やめようかと思った時がある。五か月位で放り出すのは、おかしいよ」

すると、不思議なことに、翌月からお客がつきはじめ、今では、いつも満員でこのあたりでは、

一番はやっている。ママはお客が見えると、ますますニコニコして、仕入れのネタも量もよくなっている。

「あの時は、本当にやめるつもりでした」

と一品サービスをしてくれる。私は、そこで思ったのは、オーナーのむつかしさである。

神ならぬ身で、来月から売れはじめるのがわからず、もしその月でやめてしまえば、一生負け犬である。

アメリカのレストランに入ると、入口にマネージャーがいて、お客を一瞬のうちに、頭から足の先まで見て、品定めをして案内する。客にあった席をセットする。

私が日本アルミットへ来た時、発明者側の社長や役員が、加工工場が忙しいからと、事務所へバーナーを持ちこんで、加工を手伝っていた。驚くと同時にあきれた。私は、絶対手伝わない。役員が工員と同じ仕事をして、何になるだろう。役員には、もっともっと大事な仕事があるはずである。社長は、社員と同じことを考えてはいけない。

鰹船が鰹のなぐら（大群）にあうと、漁師は必死に釣りはじめる。船長は釣ってはいけない。鰹は、数十分の間で満船になる。船長は、棒で漁師の頭を叩いてまわらないと、釣りすぎて船が沈没する。それをとめるのが、船長の重要な役目である。

私が父との葛藤で困って、新宮商行の坂口社長に相談にゆくと、

「それは、お父さんの問題ではなく、自分たちの問題だね。子供に会社の跡をつがせる時に、親はどうあるべきかという問題だ、早晩、私達にもやってくる」

営業会議のたびに、口をすっぱくして、社員に話をしても、私の本意がわかってくれない。私の秘書の吉永美智子君が有能なのは、私の考えを知ってくれるからである。

今、考えてみると、太地で病気療養中の父（前社長）をたずねると、父は、病床で仕事のことを色々指図する。

その時と、全く同じことを私が社員に話しているのに気づいた。面従腹背のことばがあるが、ハイハイときいていても、本当にきいていないのである。自分がそうであったように、社員もそうなのである。誰かが私のいうことをよくきいて、成績が上りはじめると、きのきいたものは、その真似をはじめる。

社員は、いつも社長を見ている。ことあるごとに演出して、気持を奮い起たせねばいけない。机の位置を一つかえるだけでも、気持が変る。時々、社員と酒を呑む。酒を呑むと本心が出る。本心と本心の触れあいからなにかが生まれる。

私は、営業に技術畑の人をやとわない。そういうと多くの人が、けげんな顔をする。技術屋さんは、一プラス一は二の答しか出てこない。飛躍がない。一を二で割ると二になる発想が出てこない。リンゴは二つに割ると半分になるが、知識は二人にわけても、半分にならない二になる。飛躍した発想がなければ、営業はなりたたない。囲碁で一石をとる石の置き方と、広い陣地をとる布石とは、おのずからちがう。

会社の旅行でも、できるだけ下調べをして、その土地で格式のある立派な旅館に泊る。リッチな気分にさせる。立派とは、こんなものだと教えると、心がゆたかになる。もちろん赤字の時には、そんな贅沢はできぬが、宿代を五〇％ふやせは、結構立派なところに泊れる。すべて、お得意先も日本一、世界一をえらぶ気持は、そこから生れる。

だからといって、昼休みに電灯は消す、小さなお金もあなどらず、大きなお金もおそれないことが私の信条である。

よいことばかり続くことはない。悪い時にどうするか何時も考える。秋川の研究所の敷地の半分は、芝生で、境に山茶花を植えてある。困った時は、半分売れるじゃないか。山梨県上野原の甲州街道添いに六百坪ほど土地を持っている。五年前、五千万円で買った。今は二億円に値上りした。坪十万円が三十万円になった。

今時、そんなに値上りするかと思うが、十万円なら三倍になる。百万円なら、二〇％前後しか値上りしない。その土地は、東京都との境いで、八王子市から電車で二〇分である。都市近郊の住宅圏の境にある。そこをはずれると、極端に安くなる。その境い目は、自然と外に広がってゆく。その外を買っておくと値上りが早い。

私は、社員に家を買うことをすすめる。建て売りを買うから高いので、建築後、五年位の家は、建物は評価しないから、土地の値だけで買える。土地二五坪、坪六五万円で一千五百万円で買える。ローンで借りても、家賃と思えば、家が自分のものになる。

売る時は、土地の値上りを見込まれるから目減りがない。「恒産なくして恒心なし」家を買うのも、十軒位い見てきめようとするので、何百件も見てきめなさいと、日曜日に一緒にさがしてやる。だから家のことは、会社で一番詳しい。

「ご同業ですか」

不動産屋にきかれたことがある。

第3章

不可能を可能に、それが仕事だ

「アルミはハンダづけ出来ない」の定説をくつがえし、アルミハンダー"アルミット"は生まれた。＝アルミットを使った東大の宇宙ロケット。

1　ベンチャービジネスの条件

昭和五十九年二月二十二日、丸の内パレスホテルで日本経済新聞主催の「全国ベンチャービジネス交流大会」がひらかれた。その中で分科会があり、私は研究開発のテーマの部会に出席した。

いろいろな発言があったが、ベンチャーのオーナーの方々の発言がとてもストイックであったのに私はおどろかされた。

「私は発明を世に出したらよいので、外国に旅行しようとか、別荘を建てようかなどというぜい沢な考えをもっていない」

「私は何時死んでもよいように自分の墓はつくってある」

「ベンチャーは、社長が生命だから、絶対長生きしなければいけない」

多少ちがうかも知れないが、そんな意味の発言があった。私は、出席者との異和感を、もう一度分析する必要があるなと感じた。

そもそもベンチャーとは、なにを意味するのだろう。英語のできぬ私には、よくはわからないが、ベンチャーとはアドベンチャーのベンチャーではないだろうか。人のしないことをすることだと、私なりに解釈している。

企業の絶対必要な条件は、もうけることである。売れるということだけで、その製品は、社会に企業に、人々に役立っているのだ。売れるということは、必要とみとめるからである。それだけで、社会的貢献をしているのじゃないだろうか。

もともと、零細企業や中小企業が、このきびしい産業界で生きのびてゆく、あるいは、大きく育ってゆくためには、ベンチャーでなければならないのだ。昔は、このようなしゃれた文句はなかったけれど、まさに私達は、ベンチャービジネスであった。

もうけて、社員や家族の待遇をよくし、株主に十分の配当をし、同時に将来のための投資をしてゆかなければ生きてゆけないのである。

と同時に、ベンチャービジネスに絶対必要な条件は、経理というか経営の実態を数字に明らかにして、企業が数字的に見て、どこがすぐれていて、なにが欠点でありアキレス腱であるかを明らかにせねばならない。荒利益率、純益率、成長率、一人当りの平均人件費、一人当りの売上げ率、もろもろの数字がベンチャービジネスの体質を変え、弱点をおぎない、同時に、どんな製品を開発せねばならぬかという問題になるのじゃないだろうか。

会社内部の人員構成、十年後二十年後三十年後に備えた人事、社長がいつ死んでも心配のない体制をとっているか、またとりつつあるか、これまたベンチャービジネスにとって不可欠の問題であるはずだ。

私は若い新入社員の採用面接の時に、

「君達は、将来自分は、この会社の重役になるという自信をもって、面接を受けているだろうか」

ときくとけげんな顔をする。

「私の会社は社長の一族でなければ、役員や部課長になれぬという会社ではありません。それは事実が証明しています。君たちは、今入社したら一番若い。若い人は、最後に残る人なのだよ。その時こそ、君たちが重役に、あるいは社長にさえなれるかもしれないのだよ。今、社員は四十五名です。三年後の計画は、売り上げ六十億円、社員が百二十人になります。そうすると三年後は、君達はどうしても中堅幹部になり部下をもたねばならぬ。そのためにも人を使える人が必要なのだよ」

そういう展望が必要なのではないだろうか。

この分科会で、「海外市場をいかにして獲得するか」という話題は最後まで出なかった。国内でもっともすぐれた技術や製品は、必ず国際競争力をもっているはずだ。国内戦略と同じように、海外戦略をたてなければならない。あるいは、「京セラ」のように海外戦略を優先して、というより、国内戦略のためにこそ海外戦略が必要な場合すらあるといえるのではないだろうか。私たちも、KR―19を海外、特にアメリカに売ることで、遂に日本での信用を得たことでも明らかではないだろうか。では、どのようにして、アメリカに売りこめばよいのだろうか、それには、アメリカの販売形態、流通機構、アメリカ人の気質など、現地の様子を知ることも大事だが、同時に、私たちがこれから、海外につくろうとする販売形態の得失を十分知る必要がある。

2 アイデアは通勤電車の中で生まれる

私が大阪出張中、東京から電話で、

「日本軽金属から、ぜひおねがいしたいことがあると、明日、代々木の本社へたずねてくるそうですが……」

なぜか、ただならぬけはいを感じて、私は九州出張をとりやめて、翌日、東京へ帰った。

事務所へ入ると、日本軽金属の方が四人ほど見えておられる。

お話をきくと、関連会社でアルミブスバーに銅板をはりつけてハンダ付けしたところ、大量の不良が発生したというのである。仕事は、関西のある上場会社が引受けたという。そこで私は言った。

「おそらく試作サンプルは、十センチ位のアルミ板と銅板のはりあわせで確認したのでしょう。実物は面積にして十倍ほどです。実物でテストしないと無意味でしょう。アルミと銅は膨張系数がちがいます。どんなにうまくハンダ付けしても、冷却する時に、アルミと銅は膨張系数がちがうから、ストレス（応力）が残ります。その応力が蓄積されて、ある時、突然破断をおこします」

中近東で送油管が、突然轟音とともに数キロにわたって破断したのも溶接時の膨張のストレスが原因であった。だから私は、その仕事は一度おことわりをした。もし事故がおきて、損害賠償を請求されたら、小さな私の会社など、ふっ飛んでしまうからだ。

「どうせ、おくれたのだから、一日を争うより、確実な仕事をすることが大切です。現物をハンダ付けしてあげますから、テストをして、この方法でよいことになったら、膨張のストレスを逃がすノウハウを含めて、すべて現場指導をしましょう」

ところでこのノウハウは、当時、多摩市の聖蹟桜ケ丘から通っていた私が、電車の中で居眠りをしていた時に浮んだアイデアだった。その話を、当時、営業課長だった丸山和雄君にしたところ、丸山君は、中野にあった実験工場で試作し、テストしてみた。思ったより結果がよかったのである。

丸山君は、アルミットの創立まもなく、職業安定所の紹介で入社した社員である。当時、ＣＣＣ(クラシッククカークラブ)に属しそうなフォードのＶ８が会社の車で、その運転手をしていたのである。車検のため、修理工場へ車を出した時に、「仕事がないから、営業をさせてくれ」という。やらせて見ると、見所がある。私は、すぐ車を売って、彼を営業にまわした。それ以来、アルミットは専用車をもたないことにしている。

丸山君は、若い頃下宿していた家の前が家具屋さんだった。彼は、ひまがあると覗きに行き、家具の作り方や塗料のぬり方を覚えた。紙やすりで下地をつくり、砥の粉で目をつめて、塗料をぬる。本格派である。自分の家の仏壇など自分の手で作ってしまう。私がアイデアを出すと、よきにせよ、悪いにせよ、すぐやってくれる貴重な存在だ。

電子冷凍の放熱フインは、うすいアルミ板を三ミリ位の間隔でハンダ付けする。アルミ板が熱影響を受けて、やわらかくなるので困る。これも、私のアイデアで、容易にしかも量産方式を考え出し、小松電子や三洋の仕事を引き受けて、不況の時は、切り抜けに役立った。私が中学時代学徒動員で、住友金属和歌山工場の鍛冶課で仕事をしたことがずい分役に立っている。

この時のアルミブスバーの加工は、丸山君がすべての現場指導をして、成功した。何億円の仕事で、アルミハンダだけでも、一千万円ほど使っていただいた。この技術やノウハウは、アメリカでも採用されていて、データと使用法のぶ厚いテクニカルブックができている。

丸山君が、だいたい技術の推進役をやった。研究とのドッキングである。クリスマス球、一般球、フラッシュ球などの口金を、真鍮からアルミに換える要求が業界から出てきたが、よいハンダがないので頓挫した。

銅よりアルミが安い。それに比重が銅の三分の一である。同じ価格なら三分の一になる。それよりも銅は価格が不安定で、周期的に高騰する。それが困る。

この時は、実験をするアルミ口金の自動ハンダ付機を貸してくれるところがない。やっと秋田県の工業団地の工場の機械を夜だけ借りることにした。丸山君は、昼は宿で寝ている。夜実験をして、朝データを研究所へ電話をする。データにもとづいて、改良されたフラックスは午後の飛行便で送る。そんなことを十日ほどやって、生れたフラックスであった。当時は、国内のほとんどの電球メーカーに採用されたが、今では、日本の電球メーカーは、全滅した。現在、松下電器と、ウエスト電気と、韓国に、この電球口金用ハンダ、ＥＬ―３を納入している。

アルミニウム箔を、合成樹脂で絶縁した無誘導コンデンサに、アルミットを使用して、リード線をつけて、新栄電機（仮名）から売り出された時は、ちょうどカラーテレビが売り出された頃で、コンデンサーの需要が大はばに伸びた時である。

このコンデンサーは高性能で、しかもパンしても、しばらくすると自己回復する特性をもっていた。当時は、新栄にとってはドル箱であったはずである。そのうち、私のアルミットが高いからと、出入りの業者に作らせて、買わなくなった。仕方がないから、同業に売りこんだ。新栄電機は、独走態勢が崩れ、ドル箱でなくなった。このように、私どもとお客さんの関係は微妙で、目先だけを考えているとお互いに損をする。

新しい製品を開発しようとすると、必ずハンダ付けが問題になる。自社の研究所へ依頼しても返事が戻ってこない。常に進歩し新しいニーズにこたえてくれる、ハンダメーカとのつながりを持つことがその会社にとって大きな意味がある。

十年ほど前、コンデンサの自動ハンダ付機を開発した。パーツフイダーにコンデンサーを入れておくだけで、リード線がハンダ付けされて無誘導コンデンサが出てくる。コンデンサー不況時に、コストダウンに役立つと開発したが、一社を除いて採用されなかった。最近好況になって、各社が採用の気運が出てきた。世の中の流れとはおそろしいものである。

3　贋物《にせもの》が出れば真物《ほんもの》だ

第二次世界大戦が終った時、ドイツを占領したアメリカ軍は、ドイツの持つ特許情報を、「ＰＢレポート」として世界に発表した。Ｖロケットを飛ばしたドイツの技術を、ソビエットとアメリカが、ぶんどり合戦を演じ、その技術が、戦後の宇宙開発の基礎になったのは有名な話であるが、ドイツは、いくつもの分野で、他の国の追随を許さぬ先進技術を持っていた。戦後の復興に、日本はもとよりアメリカさえも、このＰＢレポートによって大変な利益を受けた。

このＰＢレポートの中に、私たちが最初に作ったアルミニウム用ハンダに非常によく似たハンダの成分が載せられている。十分実用に耐えられる成分がわかっていながら、ドイツでなぜ実用化されなかったのか。

金属の生命は、その純度にある。当時のドイツでも、その成分のハンダができても、材料になる金属の純度が悪かった。また、技術的にできたとしても、経済的な価格で売り出されるような純度の高い金属が製造できなかったのである。

アルミットの秘密は、一つは金属の純度にある。昭和三十一年頃は、戦後十年たって、日本の工業力が回復し、純度の高い金属が工業生産されるようになった。このような背景があって、はじめて、アルミットが生産された。金属は分光分析によって簡単に成分がわかる。

もし鉛錫ハンダのメーカーが、従来の鉛錫ハンダと同じ考えで、分光分析にもとづいて、アルミハンダを作ったとしよう。今までの鉛錫ハンダに使用されているような低レベルの金属材料では、よいハンダができない。

では、私達が使っているのと同じレベルの純度の金属材料を使ったとする。しかし今までの鉛錫ハンダを溶解した感覚というか技術では、折角よい材料を使っても不純物がまざって、よいハンダが出来ない。

このような製造上の問題はあるが、もしこのような難関をこえて、私達に負けないハンダを作ったとする。白い金属色の長い棒のアルミハンダを用意してもすぐ売れない。それは、ハンダの正しい使用法を指導しないと使えない。

アルミットは高純度の価格の高い材料を使っているから、当然価格も高くなる。その価格に目がくらんで、一時は十社に及ぶメーカーが商社が、この市場に参入し、またみんな撤退した。

アルミニウム用ハンダは、小さなものは、コンデンサーから大きなものは酸素分離器まである。それぞれにハンダ付けする技術が必要である。次に、それぞれの使用する条件に耐えられるかというデーターが必要である。私達は現在創立いらいのいろいろな分野でのデータを何百冊のファイルにして持っている。

神戸製鋼所が酸案分離器にアルミットを使用して、始めて、アルミニウムで作った。内外のアルミハンダをテストしてアルミットを採用したが、それでも不安で、一番小さい分離器をアルミットを使って製造して、それを、関係会社で使ってもらい、五年間無事故を確認して、一般向けに売り出した。実用テストをしていたのである。それほど、メーカーとは慎重である。今日では、日立製作所、神戸製鋼所、帝国酸素、日本酸素などの酸素分離器メーカーでアルミットが使われている。

いつか、日本軽金属の市場開発課から電話で、

「日刊工業新聞主催の『伸びゆく日本科学技術展』にアルミハンダが出ているが、あなたの会社の製品ですか」

飛んで行くと、ユニーク金属工業がアルミソルダーを出品し、カタログの中に、日本のアルミットの名を明記した日刊工業新聞記載の新聞記事をそのまま写真版にして、載せているから、アルミットそのものだと第三者は思ってしまう。

さっそく、内容証明で、取り消しと謝罪広告要求の手紙を出すと、四、五日すると、ユニーク金属工業は、会社を解散してしまった。

それから何年かたって、N鉱業で「カクタスはんだ」となづけたアルミハンダが売り出された。

調べてみると、その特許の権利者が、ユニーク金属工業をやった人と同じなので、私は、N鉱業の重役にアポイントを取り会いに行った。私は今までの事情を話して、

「止めてくれとか言うのではなく、そういう事実があるから知っておいていただきたいと思った」

その重役は、私をレストランに案内して、昼食を御馳走してくれて、遂に礼を言われた。

それが原因かどうか、しばらくして、カクタスハンダの販売を止めた。

その頃、F電線と、特許の係争があった。アルミ被覆線のハンダづけに、アルミハンダをあらかじめメッキ状に塗っておき、その上に鉛錫ハンダを盛りつける。この技術を特許申請したが、F電線より異議の申立てがあって、審判になった。相手は専門の弁理士であるし、私は素人である。最後は、コンサイスの英語の技術語の訳がきめ手となって、私の方が認められ特許が成立した。F電線より実施権の契約を結びたいとのことで、契約したが、一向にハンダを買ってくれぬ。特許の専門家のF電線側は、契約を結んでおいて、特許侵犯《ぱん》の訴追《そつい》をまぬがれるようにしておいて、私どものハンダ成分の周辺で類似品を作って使用していた。

アルミハンダは、使用して、うまくついたからと安心しても、粗悪なもので、数日、あるいは数か月、数年たって剥離をおこす。

私のハンダの成分の周辺で作った割合のハンダは十年以上たって不良が出始めた。アルミシースの通信用ケーブルの中に通信用ワイヤが入っていて、中に絶縁油が入っている。その絶縁油が、ハ

ンダづけ部分から洩れ出す、徐々に、かすかに洩れる。所々に絶縁油のタンクがあって、不足分を補充するようになっている。目減りがひどいと、深夜、道路の下に入って通信用ケーブルに沿って継ぎ目を点検する。その費用が馬鹿にならない。やっと私どもの真価を認めて使い出した。四、五年使っていたが、また担当者が変ると、安いハンダが良いと他のものを使い出した。

これほどアルミハンダを認識してもらうのはむつかしいのである。

4　手形のない国に行きたい

ある大学の理科系の卒業生で、オーナーになっている人達の集まるクラブがある。談たまたま、どこの国に行きたいかと言う話が出た。いろいろな国名が出ている時、誰かが、

「手形のない国に行きたい」

一同噴き出したが、やがて拍手となり、拍手がおわると、シーンと静かになって、皆真剣な顔になってしまった。それほど、中小企業のオーナーは、みずから出した手形の決済に追われて、苦しめられている一つのエピソードである。

私も今まで仕入れの半分は、自振り手形で決済していたが、今年の六月から、自己振出し手形の決済は一切止めて、五千万円ほどの手形決済を現金にしたが、今振り出しの手形が全部決済される

と、楽になる。今まで手形決済には、金利を払っていたので、最近の低金利では、お釣りがくる。私もやっと「手形のない国」に行けることになった。

六年も赤字が続いていると、借金がだんだん増え、お金の面倒を見てもらっていた新富商行へ、頼みに行きにくくなる。できる限りやりくりするようになった。朝、会社へ出ると、当座の残高を見て、毎日、各銀行へお金を動かして、当座の残を大きくする。特にまとまったお金が入ると、貴重品を動かすように、現金にして、一日に、二、三度動かした。年末になると、債権者の請求がきびしいから、十二月三十一日まで、集金に走った。

忘年会つづきで、吐いて胃はからっぽで、水を吐きながら、年末の金繰りに走りまわった。四日間も絶食して、元旦の朝、屠蘇の盃を飲むとするりと入る。一杯がやがて数杯になり胃が麻痺したのか食事がするする入るのにおどろいた。

集金したお金で、すっかり支払いをすませると、金庫は空になる。日本中のお金が年末には、どこに姿を消すのかと思った。

この頃になると、送金ばかりあって、不思議と、集金や督促の電話がこないから、やっと日本のお金が、どこにあるか判るようになった。

当時は、社会保険事務所の未払いが十か月もたまったが、差押えもされず、督促係と仲良くなった。呼び出しがあると、当座や預金の有り金を全部集め、残高を0にした通帖や当座残高表のコピーを持ってゆくから、誠意を認めてくれた。

その督促係が電話で、

「倒産会社の机などの物件が、競売に付けられると、ただみたいな値になって、あまり可愛そうだから、三万円で買ってくれないか」

複写機、応援セット、スチール机四個ほどを買ってきた。次の日のサンケイ新聞の三行広告に、

「七万円の複写機セット、新品同様、四万円現金」

三行広告を三千円で出すと、その日のうちに売れてしまった。

社員の給料を、一日も遅らせないことと、高利に手を出さなければ、どんな負債があっても、赤字でも、そう会社は潰れない。少くとも、再建するのに必要な月日を稼ぐ位は、生きられるはずである。

苦しいときほど、お金に困ってる顔をしないで、お金が余っている顔をしている。困った顔をしても貸してくれたり恵んでくれないから。それに、社員や知人や親戚やクラスメイトから絶対に借りてはいけない。それは、もしもの時は、迷惑をかけるし、また、借りても当座のやりくりに役立っても、抜本的な解決にならない。知りあいの金持ちには絶対に借りにゆかない。金を使う感覚が鋭敏だから金持になったのだから、困った人に貸してくれない。

銀行に借りにゆく前に、貸してくれるかどうか、自分でわかるはずである。貸してくれないとわ

かっていたら、歯を喰いしばっても借りにゆかず、早く、貸してもらえる情況にもってゆかねばならない。まとまった注文書をもらうなり方法はいくらでもある。

銀行の支店長をしていた人は、銀行から金を借りるのがうまいかというと、反対で下手である。金を貸す立場でしか、考えることができないからである。税務署にいた人が税務対策にうまいかというと、例外はあるだろうが、あまりうまくない。これも税金を取る立場に馴らされているから。

昔、東大出の国策会社の経理部長を使ったが、この人も不思議と税務署を恐れた。不正申告や過少申告は許せないが、理不尽な課税には、堂々と抗議すべきだし、税法上の課税の根拠を明らかにしてもらうべきだろう。

理由があれば署長宛に嘆願書を出したり、秘書を通じて面会を申し込めば、署長は親切にきいてくれ、理由があれば、ききとどけてくれる。

私は、不況の時、困難な時ほど元気が出る。絶対負けないという気迫である。そんな時は、定刻より早く出て、自ら処理することで経理課長などに任せきりにせず、自分で実情をきちんと把握することである。

銀行で借りる目的と効果をはっきりさせ、試算表などをそえて、融資申込をし、堂々と借りるべきで、泣きごとや、貸してもらえないと会社が潰れるなど、口が曲っても言ってはならない。

石油ショックの影響で赤字になった時は、久我山にあった研究所分室を閉鎖し、代々木のミヤタビルの事務所も縮少するなどの荒療治をやった。この柔軟性が大事なのである。

それによって、節約する金額は、たかが知れているが、同時に、非常事態宣言をやって、営業にきちんと目標と期日と方法を指図すれば、わざわいを転じて福とすることができる。赤字を克服するだけでなく、利益をあげる転機にする、またとないよい機会である。

社員が一致団結して、本気になればどんなことでもできる。よく銀行などから、人が再建に入って、何でも経費を節約せよ、人員を減らせと、大事な拡大のための芽まで潰してしまっては、駄目である。どんな赤字でも明日の黒字にするための前向きの予算は必ず組んで投資しない限り、じり貧の泥沼から抜け出せない。

私は、よく泥沼の赤字の時代でも、むしろ赤字だからこそ、社員をつれて呑みに行って、抱負や夢を語った。呑み代など、いくら呑んでも大したことではない。仕事のやる気をおこさせれば、こんな安い投資はない。

5　死んだ気持になれば怖いものはない

昭和五十七年二月二十四日、九州の出張から帰り、風邪で自宅で寝ていた私は、吐き気がしてトイレで吐血した。近くの私立総合病院へ救急車で運ばれた。

家内が、脳溢血の発作で入院し半身不随からやっと歩けるようになった頃であるから、感情の起伏がはげしい。長男の専（マコト）を呼んで、

「もし医者に生命が助からぬと言われたら、北海道の弟と、町田の宮本先生に連絡するように」
二、三日たったのだろうか、ふと気がつくと枕もとに弟の滝川貞夫がすわっている。北海道大学の天塩演習林の林長をしている。
「おやおや、大変なことになった」

と思ったが、不思議と平静な気分でおられる自分に感心した。

「自分は今まで自分の思いどおり好きなことをして、精一杯生きてきた。くやむものはなにものもない」

病院の若い先生方が、何ども絶望状態におちいった私を、夜中もいとわず必死に手当して下さった。

その頃、私の知らない間に、プロジェクトチームが作られ沢村救出作戦が進んでいた。

私の同級生で医者の宮本東生君と久保倫生君、中学の先輩でやはり医者の有本亮先生、医者でないが、田中貴金属の重役の渡辺朔郎さん、ジャーナリストの田代均さん、後輩の警視庁に務めている川村寛さん、それにわが社の営業部長の丸山和雄の七人の侍である。

七人が協議して、

「沢村の今の状態で、ここの病院に置いておくのは危険だ。では病状から見て、二十分以内に救急車で運ばれる適当な病院があるだろうか」

入院させることは簡単でも、他の病院に移すことは、病院のメンツもあろう。至難なことがわかってきた。七人組の活躍が始った。

多摩市永山の日本医科大附属永山病院がえらばれた。そこの外科部長の吉岡先生は、有本先生の後輩である。

死んだ気持になれば怖いものはない(著者近影)

私が気がつくと、救急車で永山病院に移されていた。呼吸困難をおこしていたので、おかしいとレントゲンをとると、重症度の急性肺炎をおこしていたのがわかった。この状態での胃の手術は無理である。抗性物質による急性肺炎の手当がはじまった。それに私の持病の糖尿病が、一層この病気への対応を複雑なものにさせた。四度目の吐血があって、完全に、急性肺炎の回復を待つわけにゆかぬと、三月四日、緊急手術をすることになった。

執刀は吉岡外科部長、担当医は山田先生、立会医、有本先生、手術は六時間の長さに及んだ。胃の上部と食道の下部に潰瘍が発見された。胃の上部三分の一が切断されて、切断口が封着され、別の場所に穴があけられ、食道と穴が縫着された。

集中管理センターに在室四十日間、一切の水も食事もとれない日が二十日間、二時間ごとに一日十二回採血され血糖値の検査が三十日間続き、血糖値にもとづいて、インシュリンが注射される。糖尿病にかかると、手術後の癒着が悪い。それに急性肺炎をおこしていたので、奇蹟的ともいえる死からの生還であった。

病室で、本が読めるほどに回復すると、外は、春の緑があふれていて、まことにみずみずしい。生のありがたみをかみしめると、目から甘い涙がこぼれおちる。生きていることのありがたさである。そうだ、死ぬと思えばこわいものは一つもない。

私は大事なことを忘れていた。父が死んだ時に、次に死ぬのは、自分の番だということに、なぜ気がつかなかったのだろう。安心して自分が死ねる会社の状態にしておく義務が社長にあるはずだ。何時でも私の手を離れて安心できる会社にしなければならぬ。

秘書の塙恵美子さんに、出版社の目録をいくつか取り寄せさせ、注文した本を百冊ばかり枕もとに置いて、読みはじめた。終日、読み、考え、思いつくまま書く、こんな貴重な時間をなぜ今まで持たなかったのか。

病室にいると、自分の会社を、会社をとりまく社会を、外から見ることができる。渦中にいると全体が見えなくなる。会社の統計や資料をとり寄せて、検討した。

退院して七月二日、会社に初出勤する。就職情報の代理店「学宣」の井関直美さんを呼んで、急いで東京三人、大阪三人計六人の営業を採用するよう手配した。私が誰にも相談せずに決めたのは、皆、反対することが目に見えていたからだ。これで営業力が二倍になる。

その頃、会社は順調な伸びを示めしていた。成長率二〇％である。私は入院中は、営業部長の丸山君にも大阪支店長の吉之前君にも、無理をするなと言ったが、この数字は、他の会社ならよい数字だが、私の会社なら横ばいだと考えた。ＫＲ―19というすばらしい商品をもちながらである。

この数字を六〇―一〇〇％に伸ばさねばならぬ。営業コンサルタント・ソーケンの妙代満先生に指導を受けているが、私が思うようには、売り上げが伸びぬ。

ある日、病室から見ると、横田基地から飛び立った米軍機が青空を横ぎった。航空機が滞空するためには、最低必要な推力がいる。推力が足らなければ、下降しはじめるであろう。上昇するために、必要な推力こそ、営業力である。営業の絶対力が不足しているのだ。どんな営業コンサルタントの指導を受けても営業力がなければ、上昇するはずがないと思いついた。

営業は、戦争と同じだ。戦力の逐次投入という愚をおかしたのが、日本だ。ソロモンの航空戦に航空兵力を逐次投入して、航空機の消耗戦に日本は敗れた。

ソビエットは、ナチスにレニングラードやモスクワを囲まれても、最低必要な弾薬や物資を補給して、絶対死守を命じて、時を稼ぎ、前線の後方におびただしい大砲、航空機、戦車を蓄積してかの有名な大反攻によって、戦争の転機を招いたのであった。東京と大阪の営業員の増加は必ずや日本アルミットの転機になるはずである。その年の十一月二十五日給料日の午後七時、高幡不動の自宅近くで私は単車にはねられ、脳底頭蓋骨折と右足複雑開放骨折で、渋谷の都立広尾病院に入院した。私を含めて、再三家族が病気をしたので、家内や周囲の者は多摩市桜ケ丘の家相が悪いと言い出した。私はそんなことを信じないが気分転換のためにと、家を売って高楼不動に家を買って移って一か月足らずの事故であった。

脳は断層レントゲンによって手術しなくてもよいことになったが、足は三回の手術をして、あくる年の一月末日に松葉杖をつきながら退院した。

6　企業が二十年後生き伸びられるには

昭和五十八年、十月十日、池袋のサンシャインプリンスホテルで私の長男の専（マコト）と武藤晴美との結婚式が川口寅之輔ご夫妻の媒妁でおこなわれた。

嫁は、九州八女市生れで、北里大学の薬学部出身である。この結婚については、図書館で知りあったということ以外は知らず一切干渉しなかった。婚約がととのう前に夫婦で八女市のご両親の自宅を訪問してご挨拶をした。

結婚式については、一切口を出さぬことにした。お金を出していないからである。結納金も披露宴の費用も一切出さず本人達に負担してもらった。私の結婚式の時にも、父は背広を一着買ってくれただけだったから、子供にも背広を一着買ってやった。

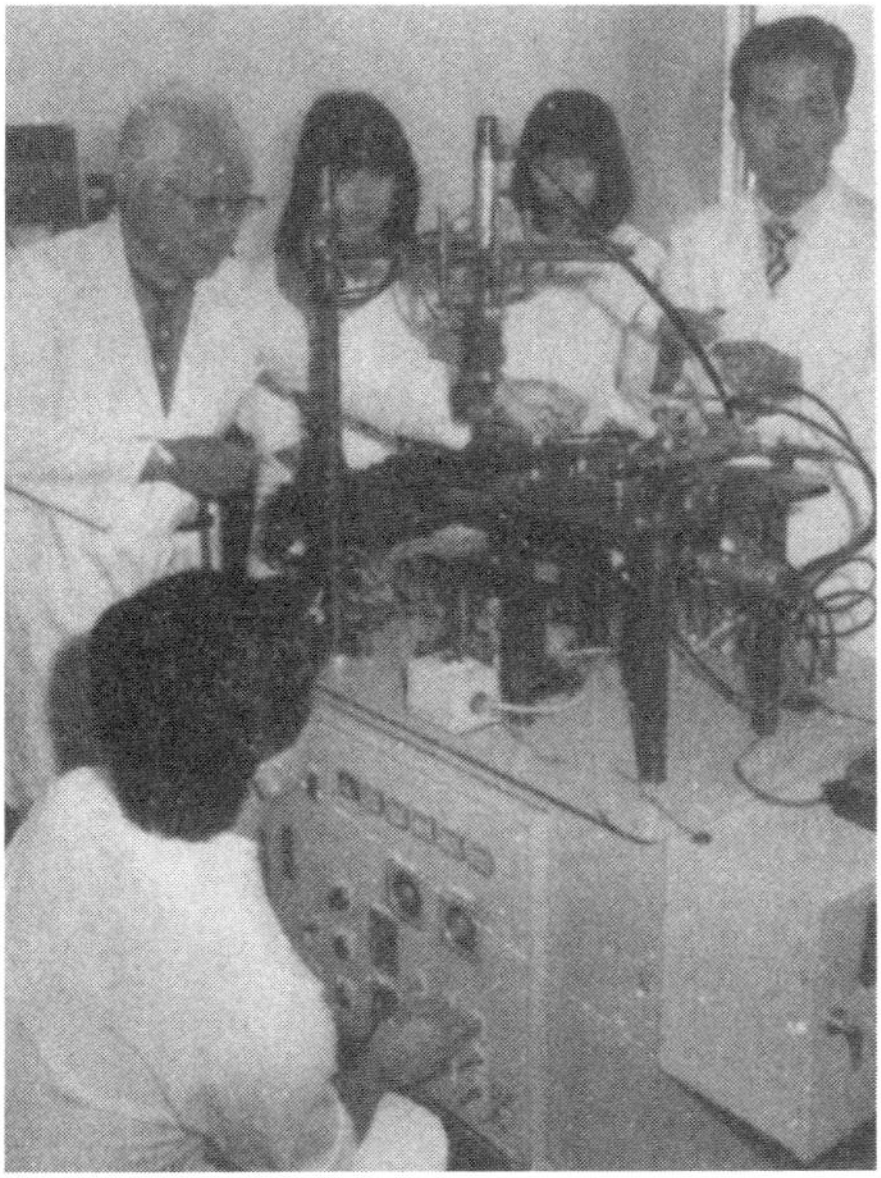

秋川市の研究所で新製品開発にチャレンジする研究所長の川口寅之輔博士（左端）とスタッフたち＝毎日新聞社提供。

結婚とは、経済的に自立することだから、その最初の出発に親がお金を出すことは、おかしいと私は思った。

結婚式の挨拶の時に、

「子供たちが企画したので、不備なことが多かったと思いますが、お許し願いたい。親から見ると、子供は何時までも子供に見えてたよりないが、会社を責任をもって、やれることができるようならば、専に跡をつがせたいと思っております。今日は、本人が全社員に出席してもらいたい、特に若い社員諸君にみんな出て欲しいと希望したのは、将来、皆さんが会社の中心になると思ったからだと思います、どうか専をよろしくおたのみ申し上げます。私はこの結婚式に大きな引出物をおくりたいと思います。

三菱総合研究所の牧野昇先生が、週刊朝日の中で、『企業が十年二十年後に生きのびられるのは、研究開発にどれだけ投資しているかによってきまる』と述べております。来年の春に、秋川市に一億四千万円かけて研究所ができます。この研究所は、将来必ず役に立つと思います。また若い社員たちにとってもよいおくりものになると信じております。

このたびお仲人の大役をお引受け下さった川口寅之輔先生は、私が昭和三十一年上京いらい、お世話になって、私が今日あるのも、先生のおかげでございます。

先生のご承諾を得ることができましたら、先生に、この研究所の運営にも一肌ぬいでいただきたい、それが私の積年の夢でございます」

というようなことを含めて話をさせてもらった。

子供の教育は、親にとって、一番頭の痛いことだ。専が、専修大学在学中は、アルバイトに会社の荷造、発送、配達をやらせた。入社後は、工場、研究所、協力工場か二工員として三年ほど、まわらせた。今は営業を担当させ、今までで一番むつかしかった部門を担当させている。

「親の会社で働かせるのは、甘やかすから駄目だ、人の飯を喰わせよ」も、一家言であろう。しかし人の飯を喰わせても将来自分の会社にとどまらない人を、本当の意味できびしく教育するだろうか。中小企業のオーナーは、苦労して仕事をしている。なまの父親の仕事ぶりを子供に見せることが、なにものにもまして、子供に対する教育だと私は思っている。

次男の貞（ただし）が東海大学の化学を出て、研究所へ入所させたが、半年ほど、発送と荷造りをさせた。ある時、私と三人ほどの社員と次男と、たまたま一緒になったので帰り路の赤提灯で一杯呑んだ。帰ると次男が、

「お父さんが、お酒を呑んで夜おそいと、つまらぬことをしていると思っていたが、お酒を呑んで、仕事のことや製品のことで、あんなに真剣に話をしているとは知らなかった」

昭和五十九年四月八日、秋川市の研究所が完成した。川口寅之輔先生をお迎えして、所長になって研究所のマネージメントをしていただくことになった。

若い優秀な青年や女性も採用し、今までの長谷川研究課長を中心に研究強化態勢をつくった。毎月の利益から一〇％を研究基金に積立てることにした。毎週、月曜日には、私も丸山営業部長も秋川の研究所に行き、川口所長他全員で、研究報告をきき、ディスカッションをしている。

開所沢には、社員四十名を含めて、百二十名、来賓は八十名ご招待した。取引先は、代理店にとどめ、今までお世話になった方、今は疎遠でも、過去にたいへんお世話になった方々もおよびした。

三和銀行の重役の田中馬允氏、日本溶接センターの三上氏、溶接新聞の大平満氏、秋川市長臼井孝氏に祝辞をいただき、軽金属溶接構造協会専務理事森田静私氏に乾杯の音頭をしていただいた。

私が、川口先生をお迎えしたのは、私をはじめ、私の父であり先代社長の滝川貞蔵が会社創立いらいの夢であったということを、短かくご挨拶させていただいた。

川口所長は、キャノンの話などを引用して、研究の本質的な問題を格調高く話された。

東芝小向工場で、約三十年前、アルミットを採用して下さった立技さんも見えられ、おたがいに年をとったものだと懐旧談に花が咲いた。アルミットの苦難時代に活躍した後呂卓也さんやアルミットのPRに大変お世話になった日本軽金属市場開発課におられた穴山義正さん。

最後に、日本アルミットの取締役で新宮商行社長の坂口栄之助氏に閉会の謝辞をのべていただいた。

7　不可能を可能に、それが仕事だ

アルミットKR―19が完成して一年ぐらいたった頃、長谷川研究課長に、
「KR―19を開発して一年以内に類似品が出てくるかも知れぬと思ったが、まだ独走態勢は崩れていない。しかし早晩出てくると思わねばならない。今後ますますIC化がすすみ、高性能のハンダ

が要求されるようになる。絶縁抵抗、水溶液抵抗ともに、今まで考えられなかった、ニューKR—19をつくろうじゃないか」

課長は驚いて、

「いまのKR—19を作るのだって、一年もかかり、さらに実用化できるものに改良するのに半年かかりました。このハンダでも世界最優秀なのですよ」

気色ばんで、喧嘩ごしである。

「記録はいつも破られる。そのために、今から、開発にかかろう。プロジェクトチームをつくり、すぐとりかかろう」

こうして、ニューKR—19の開発がはじまった。不可能を可能にしようというのが、私の会社のテーゼである。これについては、思い出がある。

昭和三十三年頃、日本電気から、「シリコンのハンダづけはできないか」と宿題を出されたことがある。半導体シリコンである。そこで、当時研究課長だった後呂君を呼びよせて、その話をすると、

「ベル研究所（アメリカ）から出ているトランジスターテクノロジイという半導体のバイブルといわれた専門書があります。その本の中に半導体シリコンはハンダ付けができないと書いています。世界最高の技術書に書いてあるのですから無理です」

「そうだろうか、科学の進歩というものは何時も不可能を可能にしてきたのだよ。私達の仕事は、絶対にできないものに挑戦してこそ意義があるのじゃないか。アルミハンダだって、日本のある大学の有名な教授が挑戦して最後に『何故アルミニウムはハンダ付けできないか』という大論文を書いたという有名な話がある。それすらも私達がやぶったじゃないか」

一か月ほどたって後呂君から電話があって、「シリコンにもハンダが付きます」という。そこで早速、日本電気の半導体の専門家にもってゆくと、「では、技術提携の契約をしよう」

おそらく私の会社を調査したのであろう。しかし、社員七名、資本金百万円の会社と、天下の日本電気と対等に契約はできないと思ったのかもしれない。

「うちの（日本電気の）課長と、おたく（アルミット）の会社との契約にしてもらえませんか」

私は、小なりといえども日本アルミット株式会社の代表である。カチンと頭へきたが、半導体そのものが何であるかも知らないから、ハンダ付けできるメリットというものもわからない。要するに値うちがわからないのである。新宿の紀の国屋書店をたずねると、鳩山道雄著『半導体』＝オーム社発行＝が出ていた。買ってきて、奥付けを見ると、田無電気試験所勤務とあるので、電話をして著者である鳩山氏のアポイントをとりたずねた。プラスチックの名刺入れの空箱から、脱脂綿に包んだ、リード線をハンダ付けしたシリコンをとりだした。鳩山先生は、

「ほほう、見事についているね。菊地さんを呼んで来てくれないかね」

菊地誠先生は『半導体』の名著で毎日出版文化賞をもらった。現在ソニー中央研究所所長である。菊地先生は、眼鏡の底の目をきらりと光らせて、

「面白いね、ハンダ付けができるんだな。シリコンには、微量添加する不純物によって、N型、P型の二つの型があります。そのP型にハンダ付けをして、オーミックなコソタクトができないとハソダ付けに使えません。うちの研究室の測定器を貸してあげるし、また測定を手伝ってあげるから、もう少しいじくってみたら」

それから田無の電気試験所通いが始った。しばらくして、同郷の青年で電気大学の定時制に通っていた洞君をアルバイトに頼み、測定を依頼した。

三か月ほどたって菊地先生に、

「電気的には、ほぼ完全なデータができるようになった。逆方向に電気を流しても完全なオーミックになる。このようにグラフが直線になっているだろう」

菊地先生にデータをもらい、日本の大手弱電メーカーの半導体のそれぞれのオーソリティに紹介状をいただいた。日本はもとより、アメリカ、ヨーロッパの主だった国に、湯浅・坂本法律事務所を通じて特許を出願した。

天にも昇る気持で、各メーカーをたずねたが、反応は今一つ足りない。半導体シリコンはハンダ付けできないから、メッキをして、その上にハンダ付けをしている。そのメッキ設備に、大枚のお

金がかかっているから、その償却もすまないうちに、新しい方法を採用するわけにはいかない。それに、専門家にとって、「われわれができなかったものが、町の発明者によって作られたとすれば浩券《こけん》にかかわりますからね」

が、本音ではなかったか?

第4章

アルミハンダに憑かれて

分割鋳造した千手観音薬師如来。アルミハンダ—"アルミット"は仏像の巣埋めから生まれた。

1　百姓と鍛冶屋が私をきたえた

昭和三年五月三日、私は新宮市初之地で、父、滝川貞蔵と、母、千香子の長男に生まれた。当時、父は新宮商業学校の英語の教師をしていた。父は、近くの鯨で知られる太地で生まれた。鯨舟の彩色の仕事をしていた父親を九歳の時になくしたので祖母は魚の持ち売りをして、父を兄とする三人兄弟を育てた。

小学校でいつもトップの成績であった父を惜しんで、同村の長尾辨三さんが、同じ新宮市出身で、小樽で木材業をやっていた新宮商行の坂口茂次郎氏のもとへ、父を連れて行った。氏の援助で中学をおえ、福島高商第一回生に無試験で入学し卒業した。向学心やみがたい父は、坂口氏の同意を得ず、九州帝大法文学部経済科に入学、卒業した。私の経夫の名もそれによる。

私の母は、小樽市山之上町の坂口邸の筋むかいに事務所と自宅があって煉瓦製造業をいとなんでいた沢村卯三郎の長女であった。坂口茂次郎の娘の光枝さんと仲よしで出入りしていたことが父と知りあうきっかけだったらしい。

父は一人娘の母をもらったので、私を沢村家をつがせることで妥協したらしい。私の沢村姓は、それによる。

私が、新宮市相筋の幼稚園に通っていた頃、札幌市郊外の野幌で煉瓦工場をやっていた沢村卯三郎が重症度の神経痛になったので、父は、沢村を助けるべく、教師をやめて、一家をあげて、野幌へ移住した。

父は煉瓦を作るかたわら、新しい窯をきづき、黒煉瓦などを試作したりしたが、祖父と意見があわず、また祖父も、二、三年して奇蹟的に回復したので、父は内地へ帰ることになった。

父は、小樽の坂口茂次郎邸に、お別れの挨拶にゆくと、茂次郎氏は、子飼いの滝川へ、もう一度新富商行へ入らないかと言い、父は快諾した。阪口七郎平氏のお世話で愛知県の中学教師に内定していた父は、北海道へとどまることになった。ほどなく、新宮商行は、銭函町にベニヤ工場を建てることになり、父はその最初の建設からやらされた。

私が小学四年の時、坂口茂次郎氏は、和歌山県新宮市に地もと資本と提携して、新宮木材パルプ会社をつくることになり、滝川を新宮に派遣した。それは銭函工場の建設の経験が買れたのであった。私達一家はまた北海道を後に郷里新宮に戻った。

昭和二十年八月十五日終戦の日、巴川製紙と新宮木材パルプは戦時の経済統合の方針にもとづいて合併した。父は、木材パルプ側の代表で入り、新宮工場長および用宗工場長を歴任した。これが父がアルミットに関係するまでのおおまかな経歴である。

私は新宮中学二年生の時、学徒動員で住友金属和歌山工場におもむいた。風邪を引いて毛糸のセーターを二枚着ていた私は、大兵の同級生と一緒に入れられたのが鍛冶屋であったので、皆おどろいた。私は七か月の未熟児で生まれ、中学校では、体操や教練の時間には見学することの多い、昔でいえば腺病質の少年であった。こんな重労働の仕事はできぬと同じ職場に配属された二人が止めてしまったが、私は終戦時まで毎日、大ハンマをふるった。このことは、私の生涯にとって二つの大きな利益をもたらした。私を健康なからだに作りあげたことと、金属の扱い方を習ったことである。班長は、武生市出身の野鍛冶で刃物鍛冶屋の小林忠さんであった。日本刀、カミソリ、ハサミ、鍬、鎌、斧、から、エアハンマーの打ち方、焼き入れの仕方などを教えてくれた。

終戦になると、食糧難がおそった。その頃は兄弟六人で、沢村卯三郎は、すでに亡く、そのつれあいの奈美を含めて、九人家族であった。和歌山県は米の生産の絶対量が少ないため、一か月分の米のかわりにキューバ産のザラメが配給されたことがあった。その頃父は巴川新宮工場の工場長であったが、インフレにサラリーが追いつかず、皆サラリーマンを馬鹿にして闇屋になった、そんな時代であった。

毎日毎日、茶碗一杯のおかゆに、「親は子供を養う義務がある」と親子の口喧嘩になった。母は涙を流して、私を押しとどめた。その頃、祖父沢村卯三郎の煉瓦工場を処分した金が一万八千円位あったので、住いの近くの高津気という山奥の入口の字長野で、五反の田畑のついた山を買って、百姓をすることにした。中学四年生であった。

月夜の晩は十二時迄かかって、さつま芋の苗植をしたので、母が提灯をつけて迎えに来たことがある。にわか百姓なので、苗代にまく籾をあらかじめ水に浸けて芽出しをすることや、苗を植えた後の水深など、本にも書いていないので、近所の百姓さんにききにいったものである。中学校へ行きながらなので、何時も授業中居眠りばかりして教師に叱られていた。

最初の年は、お米がなかったから、栄養失調で、家から二キロばかりの田へ、下肥をつんでリヤカーで通うのだが途中に坂があって、坂を上りきると、心臓が苦しくなって、道路わきに、横になっていたことが、何度もあった。最初の稲刈をして、徹夜で脱穀、家族中で、涙をながしながら喰べたご飯の味は、終生忘れないであろう。

旧制中学時代の著者

百姓の人達は、田植の時、五、六本づつ植えるが、本当にそれでよいのかと、二十一枚あった山田に一本、二本と六本まで本数を増やして植えて統計をとると、一本植えが一番収穫が多い。また稲が成長して穂が二ミリ位、茎の根本の中にできる頃に肥料を沢山やると、ふつう八十から百八十粒位の粒が四百八十粒にもなる。その施肥の時期は、稲の根本の平らな茎が、娘さんが年ごろになると腰に丸味がおびてくるように、丸くなってくる。毎朝、鎌で稲の茎を割いて、適期を見つけるのである。

稲作を、科学的に一つ一つ確認して、実証する。ヘテロキシンや酢酸ナフタリなどという植物ホルモンを使って、奇数の染色体の野菜などを作った。私の村のとなりに土井農園がある。そこの園主の土井さんは果樹園を作るのに、戦前の話であるが、わざわざロスに出稼ぎにゆき、そこから弟に送金した。アメリカで一日働く金で日本では四人の労働力がやとえるからである。カリフォルニアのオレンジ、レモン、アボカドの苗も日本に送ることも忘れなかった。戦後ここから東京の千疋屋に送ったアボカドやレモンに進駐軍の兵士や家族の行列ができた。この話をきいて、牛を飼うことにした。仔牛を売って、その金で人を雇って、果樹園を開墾した。レモン、ポンカン、三宝、温州、八朔、夏柑、びわ、アボカドなどを数百本植えた。種類を沢山植えることは、喰べるによいが金に換えるには、不便であると気づきはじめた頃、私の東京行きの話がもち上ってきた。

2　推されて最年少の町会議員に

紀南文学に詩を発表していた西昭代と恋愛結婚した頃、友人達に推されて町会議員になった。家内の親戚の田植の手伝いをしていると、友人の吾妻新幼君が忙しそうに路を歩いている。声をかけると、「皆で手わけして君をさがしているんだよ。赤井義治さんが君のお父さんに立候補の許可を受けてきた。早く届け出をしないと、今日は公示日なのだよ」

私は、しぶしぶ足を洗って、赤井さんの家へ行くと、友達が集っている。町村合併問題で村が二つに別れていた。私は反対派になっていたので、その人達のグループが私を推してくれた。私は二十五歳で最年少の被選挙人だ。父は、当時新宮市の巴川製紙所の工場長だったので、赤井さんの頼みに、父は一切選挙に関係しない、本人が受けるならばの条件で、許可した。赤井さんは、なかなかの人で、随分多くのことを教えてくれた。村の中に赤井さんをよくいう人と悪くいう人があった。奥さんと別れて、別の人と同居していることも一つの理由だった。私の選挙参謀は、赤井さんだった。公示の次の日に、届出をすますと、さっそく友人数人と自転車と拡声器を用意して、

沢村経夫選挙事務所と著者(25歳)

「昨日、立候補の届け出をしたので、今日ご挨拶に来ました」

今まで町議の選挙は、みな戸別訪問で、誰も街頭演説をする人はいなかった。私がしたのがきっかけで、するようになり、やがて定着した。赤井さんの出身の狗子（クジ）の川の奥さんの子供の赤井克巳君が狗子の川から推薦されて同じ選挙区から立候補した。赤井さんは微妙な立場に追

いこまれ、赤井さんのデマが飛んだ。選挙の前々日に赤井さんは、私と一緒に街頭に出て、「息子が出ているが、沢村君に入れて欲しい。私は参謀としての私の立場をなくさないようにして欲しい」

赤井さんの作戦で、那智勝浦町役場の入口に持っていて時間ぎりぎりに申し込みにかけこんで、宇久井の青年会館で公営の個人演説会をひらいた。他の人は、それを知っても、申込の時間がなく出来ない。演説をききにくるのは、支持者と、支持をきめかねている人であるから、投票前日には夕方の七時から夜の十二時まで、建物にとじこめて、切りくずしをさせないことであった。

新宮の東大出で油屋さんをやっている浦久保博文さんが応援演説をしてくれた。

「日本で一番はじめにパンツをはいたのは誰であったか」

人を笑わせながらユニークな文化論を展開した。青木正夫さんは、戦前、和歌山県から出て、入場料をとって自分の選挙演説をした田淵豊吉を引用して、「政治はどうあるべきか」という話をした。私は、

「町長派と反町長派と別れていて、政争がはげしい。町長は、私の中学生時代の恩師で校長だった坪野賢三先生であるから、私は町長派と見られているが、私達は、そんなことにこだわらず、若い人は、手をにぎらねばならぬ」

四か町村が合併して始めての選挙であった私達の宇久井村から十一人が立候補し、三人が二十代

であった。私は、赤井さんの恩義に報いて、自分の票は寺井克巳君に入れた。あけて見ると、私はなかほどで、赤井君が当選者の中の最低点で、次点者とわずか半票の差で当選した。私達の村は四人当選し、そのうち三人が二十代であった。

議会前夜、勝浦町の二十代の中村利男君にさそいをかけ、二十代の四人と、三菱鉱山の労組から当選した三人と組んで七人組の中立派を作った。

初議会には、私達の発言が大きな力となって、中村君は観光委員長に亀井昿君は水産委員長となった。二年生議員が委員長になるなどは、予想できぬ珍事である。後、中村君も亀井君も県会議員になった。

赤井義治さんから、物事の解決は、時間をかけないと解決しないものがあるとか、選挙も仕事も演出であると教えてくれた。

議長をしていた寺本磐彦さんは、町長派であったが、どんな反町長派にでも発言を封じないで、自由に議論のおちつくところにゆかせる、度量の広い名議長であった。

杉浦明平の「一年生議員」の小説に出てくるような様々な経験があった。ある時、事務局から、役場職員の給料の値上げ案が提示され、全員賛成で通りそうになって、私が一人反対したことがある。原案を試算してみると給料が二倍になる。明らかに計算法のミスであった。説明すると、提案者の町長も他議員もびっくりして、正しい計算法で再提案した。自治法の研究をしていないと、事務局に勝手にやられてしまうことがある。

また提案者である町長側が予算を組む時に、意図的に、通りやすい案にしておいて、枠内の流用できる特典を利用して、他の用途に使用するなどの手があるが、予算によく眼をとおしていると、そんな策略など見抜けるものである。その時は、流用を認めないと条件をつけて、議事録に明記させておくことが必要である。

3 自分の眼だけを信用しよう

終戦後、虚脱状態から目ざめると、日本中一せいに花が咲いたように文化運動がおこった。弁論大会、演劇、のど自慢、文芸誌発行などがおこった。戦時中の文化人の疎開や、戦後の食糧難で中央の文化人が地方に散ったことも影響をあたえた。

父をたよって、日本民俗学会の民間伝承（機関紙）の編集をしていた橋浦泰雄氏が熊野に見えた。私は父のいいつけで、先生のお世話をした。橋浦先生は、柳田国男、折口信夫と、日本民俗学会の名誉会員で、日本画家でもある。私は先生のお伴をして、熊野をまわって、民俗採訪をして、民俗学とはなにかを勉強することになり数年に及んだ。

その頃、いろいろなグループと組んで、チエホフの「桜の園」、アプトン・シンクレアの「二階の男」、チエホフの「結婚中込」などを演出した。家に父の世界演劇全集があったので読みふけった。村山知義の「演出論」千田是也の「俳優論」モスクワ芸術座の「メーキャップ」の専門書などをテキストに研究会をつくった。新聞を出したり、文学雑誌を出した。東京で仕事をはじめて、役に立つとは、その時気がつかなかった。

私は旧制中学しか出ていない。大学へ行かず、戦時中はろくな勉強もしていない。旧舎で百姓をして、ある種のむなしさを感じて、いろいろな文化運動に飛びこんだ。戦時中、父が、あけてはいけないという石巣箱が二つ押入れの中にあった。いつも理由をつけて、留守番をして石巣箱をあけると、そこには別の世界があった。発禁本ばかりつまっている。大正から昭和にかけての、持っているだけで、警察にほうりこまれる本だった。浅原健三の「熔鉱炉の火は消えたり」「種まく人」の合本、河上帝の「貧乏物語」など、読みふけった。

昭和二十六年に湊正一さん、仲厚情さんたちと語らって、紀南文学会をつくった。湊正一さんは国鉄の機関士だが、俳句できたたえた文章感覚で、すぐれた詩を書いた。仲厚情さんは、戦前、ファシズムに最後まで抵抗して、唯物論全集を出した三笠書房の発起人である。奥さんが熊野川の奥の赤木の人で、新宮に自分の蔵書で、第一書房という古書店をはじめた。

その頃は、左翼運動の盛んな頃である。私達は、政党に囚われることなく、広い人達を集めた。紀南文学は六号までつづき、五百冊ほど発行し、代金は回収し、書店にも置き、印刷代は、きちんと払って、ソロバンをちゃんとあわせた。

朝鮮戦争の頃で、アメリカ進駐軍は、警察予備隊をマッカーサー命令で作った。私は、予備隊にきな臭い感じがして、北野修のペンネームで、

害虫群　　北野　修

八万とも十五万ともいう
えたいの知れぬカーキ色の正体

朝鮮、満州、中国、ビルマ、南方の島々　その昔
太陽さえもおおって跳梁したもの

美しい列島を
蝕む松喰虫の同族だという
その虫の急激な繁殖力

脳髄の芯まで寄食する幼虫
郷子と黄土に
今なお堆積した排泄物

保護色と仮死で　再び
私どもの眸をあざむこうとする。

などを発表した。その詩が原因か、警察の家宅捜索を受けた。教師や会社員など参加していた多くの人に迷惑をかけるのをおそれて、紀南文学会を解散し、六号までの紀南文学の中の詩を集めて、紀南詩集を出した。序文は岡本潤におねがいした。秋山浦の編纂による日本無名詩集「祖国の砂」に私の弟、滝川貞夫の「北の海」と榎本満（湊正一）の「死火山」の二篇が紀南詩集より収録されている。図書新聞が第一面の三分の一をさいて、紀南詩集を紹介した、作品のレベルが理解されるであろう。

新宮市に喫茶店「ダム」を出した青木正夫さんに開店祝として、林武から油絵が五枚とどいた。正夫さんは林武の若い頃、アトリエによく遊びに行き、絵に示唆を興えたので、徳として絵を送ってきた。青木正夫さんは、昔、古本屋をしていて、学校は小学校しか出ていないが、中国の古書が読め、書も一流だった。美術に独特の鑑識眼と哲学をもっている。原勝四郎や日高昌克など、青木正夫の世話を受けた人が多い。独特の芸術論を私達は、青木節（ぶし）とよんでいた。

「百万人がよい絵だと言っても、自分の眼で見て、つまらぬと言える眼を持たねばならぬ。逆に百万人がつまらぬと言っても、自分の眼ですばらしいと言える眼を持つべきだ。現在有名な画家でも百年後二百年後に何人残るだろうか。生きている間は不遇であっても、命をかけて燃焼させた絵は必ず認められる」

和歌山市の近代美術館をたずねた時、学芸員の三木哲夫氏は、

「青木正夫さんを知っていますか、新宮の人はおそろしいですね。日本画の日高昌克展の時に、昌克の絵を十数点風呂敷に包んできて、ちょうど芋でもくれるように気軽に寄付していったのには、ど肝をぬかれましたよ」

自分の眼で見て、自分の頭で考えることの大切さを教えられた。これは芸術論だけでなく仕事についても同じことが言える。

昭和三十年頃、新宮市立図書館をたずねると、石垣栄太郎画伯をかこむ座談会があった。栄太郎氏の父は、父の生れた太地町で鯨舟を造る船大工をしていた。船ができると、私の祖父が彩色にかけつけ、両手に筆をもって、鳳凰（ほうおう）などの複雑な模様を描くのをあきずに見ていて、絵かきになりたいと思ったという話などをおききした。

「文学をするのでも、仕事をするのでも、東京へ出なければならないよ」

栄太郎氏のことばは、一生、田舎に骨を埋めるつもりの私には、青天の霹靂（へきれき）の思いできいた。半年後、上京して、仕事をはじめるようになるとは夢にも思っていなかった。

4　仏像から生まれたアルミット

父の滝川貞蔵は、福島高商の第一回の卒業生である。同級生で、同じ部屋に下宿した大海達雄さんの弟の利平さんは、芸大出の彫金師で、物静かな芸術家肌の人である。ある時アルミニウムの鋳物で仏像をつくった。すると「ス」ができた。すきまができたので、それを埋めようとした。アルミニウム用ハンダを作ろうとした最初の動機だった。その頃達雄さんは、相田信一（仮名）さんの経営する西光工房（仮名）に務めていた。

相田さんは、慶応大学出の軍人で、中国の宣撫班で働いていた。終戦後、復員して東京で映画館に入った。ふと、中国で民衆や子供たちを集めた幻灯を思い出し、映画の幕あいに、宣伝用のフィルムを幻灯で写すことを思いたち、ある銀行をスポンサーにしてはじめた。

戦後まもない頃で、それがあたり、中野に立派な家を建てた。昭和二十八年頃、達雄さんは、相田さんに「弟がアルミニウム用ハンダを発明した」と話した。三人は、そのハンダを仙台の東北大学へもっていった。金属では、東北大学は名門だということを知っていた。

ある先生が、これは本物だとデーターを出してくれた。天にものぼる気持になった三人は、松島湾に船を浮べて、牡蠣《かき》鍋をかこんで祝杯をあげた。

その頃、相田さんの幻灯屋も、コマーシャルフィルムに押されて、よくなかった。アルミハンダを事業化するには、お金と才覚をもった人が必要である。達雄さんは、巴川製紙の重役で新宮工場長をしていた父の滝川貞蔵を思い出した。

こんな経過で、アルミニウム用ハンダの事業化の企画が父のところへもちこまれた。父が巴川本社のある東京へ出張して帰ってくると、火鉢の上にアルミニウムの板を置いて、ハンダのようなものでこすっている。きくと、アルミニウム用ハンダだという。

私は弟に、

「兄さんは住友金属で鍛冶屋をしていた時に、班長からアルミニウムは、ハンダ付けできないときかされていた。もし本当ならたいしたものだが、下手をすると詐欺かも知れないね」

しばらくして、和歌山県東牟婁郡宇久井村の滝川の家に、大海兄弟がたずねてきた。父は、近くの湯川の当時は一番格式のある温泉旅館喜代門に案内した。翌日、私が那智の滝や新宮の熊野速玉神社やお城山につれていった。

お城山は、新宮藩の水野公の城跡だ。お城の上から太平洋の大海が銀色にかがやいている。二人

は私に水平線を指さして、

「あすこにアメリカがあるんだよ、アルミハンダで世界を制しよう、アメリカにも行けるんだよ」

しばらくして、父は、新宮工場から、巴川本社工場の工場長として、静岡の用宗に転勤した。几帳面な父は、巴川製紙の社長の井上篤さんに了解をとり、大海さんたちに出資した。ハンダの名前も「アルミット」とつけられた。大海達雄さんが社長、大海利平さんが技術部長、父が非常勤取締役、私が監査役となり、資本金百万円で、全額父が出資して、ちょっと正確に記憶にないが株の半分は、大海兄弟にあたえたようだ。また相田さんは、西光工房の名義を書きかえてアルミット商事にして体制づくりをした。天をもとる気持で、すでに税務対策として、商事をつくる手まわしのよさだった。父の出身の新宮商行が肩入れをして、海外輸出の総代理店を任せ、代理権として、お金の面倒を見てもらった。

最初は、駒込坂下町の相田さんの西光工房が事務所だったが、まもなく中野区朝日ケ丘一丁目63番地の風呂屋の跡を借りて事務所とした。庭に風呂屋の大きな煙突があって、それに看板屋にたのんで、

「アルミハンダ　アルミット」

と書いた。

「スグオイデコウアルミット」

の電報が来ると、私は東京へ出かけた。その頃は、まだ戦後のけはいが残っていて、やっと食堂などで、自由に食事ができるようになった頃だ。よばれると、新宮商行に手形を借りに行かされた。支店長の追分さんに話をして、経理部長の篠原さんに手形をきってもらった。それを、三菱銀行の中野支店にもって行って割ってもらった。父が用宗にいる時に支店長をしていた大河内清美さんが中野支店長をしていたので、よく面倒を見てもらった。

私が、果樹園で働いていると、下の方から「オオーイ」と呼ぶ声がして、大山清次郎さんがハアハアと息をしながら、田地の間の坂道を登ってきた。左手に風呂敷包みと、右手に脱いだ靴をぶら下げている。

「あなたがアルミットの関西代理店を、百万円で売るというから現金をもってきたぞ」

大山清次郎さんは、エタニットパイプに務めていて、原料になる石綿を採取するため、中国の奥地で働いていた。戦後、引揚げて、油の仕事で失敗。木材業をやっていた。当時私も父にすすめられて、商売をおぼえるとよいと言われ、パルプ材の買付けで、二、三度、取引きがあった。ある時、

「沢村さんは、ちょいちょい東京へ行くがなにをしているんだい」

私は、アルミットの話をすると、

「関西地区の代理店をやらせてくれ」

ことわるつもりで「百万円もってこないと駄目ですよ」の話から生れた百万円だった。当時の百

万円は、今の一千万円より値うちがあった。女事務員の給料が三千円位の時代だった。

私は、大山さんを同道して、静岡県の用宗の父をたずね、その足で日本アルミットで代理店契約をすませた。その百万円は、三菱銀行へ定期にした。

しばらくして、夜おそく、鹿児島から、谷口好行さんと、中俣清治さんがたずねてきた。九州地区の代理店をやらせてくれと、百万円もってきた。私が、仲永良部島の木材を中俣さんから買っていた。取引の打合せに、紀州に見えられた時に、たまたま大山さんの話を洩らしたことからそんな風になってしまった。

再度百万円をもって行ったから、私の人気はたいへんで、新宿駅前の中村屋の中にある「ととや」という旅館でご馳走になった。

昭和三十二年に父から手紙で、

「大海君たちにまかせているが、よいことばかり手紙がくるが少しも売り上げが増えない、最初の一年で四十万円しか売りあげがない。これでは自滅が目に見えている。銀行に定期をあずけて、金を借りることを知らないから、利息がもったいないとお前が世話をした二百万円も、知らぬまに解約して使ってしまった。これ以上まかせると、新宮商行や他のお金を出してくれた人に迷惑をかけるから、東京へ行ってくれ」

私は、材木業を始末することにし、四国の叔父に投資した金の回収のために四国高知へ行ったが、回収の見込みがたたない。仕方がなく、十年間働いた果樹園と田地を処分して整理し、家内の昭代と長男の専を宇久井の家に残したまま上京した。

5　電車の網棚から消えた融通手形

私が苗代の手入れをしていると、大阪の大山清次郎さんがたずねてきた。大山さんは、日本アルミット関西地区代理店三紀産業を、大阪市の安堂寺橋通りにかまえ、アルミットの販売に乗り出した。私が、百姓をたたんで東京へ出る少し前だった。大山さんは元気がない。

「私の友人の岡田（仮名）さんに手形を借りました。岡田さんは第一市場のAという会社の計理部長です。会社に内証の手形ですから横領罪です。一ぺんに首になります。期日の前に手形を再度振り出させ、それを割って、岡田さんに戻し、岡田さんは、会社の口座へ入金して、帳簿尻をあわせます」百万円を日本アルミットに権利金として払ったかげの出資者はどうも岡田さんらしい。

「その手形を、カバンに入れて持ち帰る時、電車の網棚にのせました。下りる時、ふと気づくと、手形の入ったカバンがありません。置き引きにあったのです。金額は百万円です。どうか私と岡田さんを助けて下さい。岡田さんに『私を殺す気か』と、どなられました」

仕方がない。私は新宮市のある高利貸に日歩十二銭で、長野の私の田地を担保に入れ、百万円を借り、持って帰るとあぶないと銀行へ振りこみ、大山さんは汽車で帰った。

数日たって、

「助かった、助かった。期日に手形が出てこなかった。お金はすぐ岡田さんにもらって送ります」

はずんだ声が電話から飛びこんできた。私もやれやれと思ったが、送金がない。岡田さんがお金を戻してくれないのだ。借入した金の期日は二十日間なので、支払い命令が出ても、たかをくくっていたが、田地が差押えられ、競売日まできまった。

ほっておくわけには行かないので、田植時の忙しい日をさいて、大阪へ行った。港町付近の食堂で三人があった。

『アルミットに出した金は詐欺に会ったようなものだから、この際もどさせていただきます」

がんとして岡田さんははねつける。私はどんなことをしてもお金をとりもどさないと帰れない。二十八歳の若造だし、相手は大会社の経理部長だから歯が立たない。談判は決裂した。

「私は、あなたの会社の不渡りを助けるためにお金を調達した。それはあなたのためです。それなのにあなたは私を詐欺師よばわりした。許されない。明日九時一番にあなたの会社に行き社長にあって、社長からあなたに話をしてもらいます」

夜の十一時だ。雨がしとしと降っている。どこをどう歩いたのか、桜の一杯さいた石垣のあるところに来た。岸和田城の夜桜である。こんな悲しい思いで桜の下を歩く人があるんだなあと思った。

次の日は珍しく青空が出ている。会社の門へ近づくと、早くから待っていたのだろう、一人の青年が走ってきて、私の腕を捕え近くの喫茶店へ連れこんだ。

そこには、経理部長が待っていた、

「ゆうべはすまなかった」

百万円の現金とそれまでの金利を払ってくれた。私は、なぜか、ほっとしたが気がめいってしまった。

これには後日談がある。アルミットに入社してから三年ほどたって、大阪から大山さんに紹介されたという植木さんから電話がかかってきた。

東京駅前の黒門旅館で夕方待っているというので出かけた。部屋に入ると、私の食卓が用意され、

「ビールがよいか酒がよいか」

御馳走になっていると、

「沢村さん、君に絶対迷惑かけないから額面五十万円の手形を貸してもらえないか」

「私は、あなたと初対面です。どうして手形を貸さねばならないのでしょう」

よくみるとスジ者である。

「武士は相見たがいというじゃないか、君が岡田君をおどして百万円をとったことを知っているよ」

「誰がそんなことをいったのですか、私は自分の金をとり戻しただけです。私が悪いことをしたというなら警察でもどこでも出して下さい」

岡田さんの息子が一時チンピラと出入りしていたことを大山さんからきいたことを思い出した。

「お客人、親分の顔をつぶさないで下さい。子分は親分のためには、身を投げ出します」

なにか明るいものがきらりとした。

私の左わきの畳の上に短刀が飛んで来て、ぶすりと刺さって、かすかに揺れている。

言われて気づいたが、丸坊主の青年が廊下にすわっていた。両手を膝の上にのせ、後かかとを立て、上半身を前にかたむけている。

植木さんは、短刀を抜いて、わきにおき、

「困ったもんだ、お客人に失礼なことをして、刑務所から出てきたばかりで気がたっているから、失礼おゆるし下さい」

「帰ってよく相談しますから今日は失礼します。返事は明日お電話を下さい」

玄関に出ると、植木さんと子分、三人の仲居さんと番頭と下足番が私を送った。

靴をはいて、ふりかえった。

「植木さん、私は素人です。私は今日はじめておあいしたのに、五十万円の手形を貸せと、畳の上に抜身の短刀を刺しました。そんなことをされたら恐ろしくて、物も言えません。どうかやめて下さい」

玄関はしんとしずまりかえっている。私は、ふりかえって玄関までの三間ほどの距離の遠かったこと、背中がささくれたって、今でも短刀が飛んでくるかと思った。外に出て路地に入ると、脱兎の如く走った。角をいくつかまわって、誰も追ってこないのを確認して、ふつうの歩き方に戻った。

翌日、「味なまねをしたな」とだけ電話がかかってきた。

6 苦労しても〝味の素〟を売ろう

私が東京へ出てきたころは、日本アルミットは中野区朝日ケ丘31に事務所があり、となりの空地にバラックのような工場を建て、アルミットによる加工をやっていた。

川口市のあるメーカーの太陽温水器をアルミ板を加工して、筒型のものをつくり、都市ガスバーナを使ってアルミットでハンダ付けをしていた。工員は、十五人位いた。

一番忙しいのは、アメリカのコンチネンタルブラスという世界的にも有名なスプリンクラーのメーカーの仕事をしていた。スプリンクラーのヘッドのハンダづけである。ヘッドはアルミニウムの鋳物で作っているが、Y字型で中に水の通る穴があいている、その部分の中子（ナカゴ）が抜けない。二つに分割してアルミ鋳物で作り、断面を、アルミットAM—三五〇というアルミハンダでつける。

赤坂の栄化商事に納品した。ＡＰ通信が、

「スプリンクラーにアルミハンダを使用した」

小さな記事を、世界にまわした。

輸出商品は徹底的に値段を叩かれていたから、この加工も忙しいだけで実際は出血受注だった。

毎月赤字が続いていた。

私は、会社へ入ってから、政府の補助金や融資を受けることで、経営面で、またアルミットの信用も得ることができると思った。

優秀発明補助金が三十万円位出るので、七通の補助金申請書を作り、各関係官庁をまわって、案を手直ししてもらって、申請した。決定の通知がきたが、お金の下付がない。ききに行くと、すでに払ってある。大海利平さん本人が受取ったとの話である。私は、会社に少しでもお金が入れば助かると思ったが、

「大海さん、この申請は私がしたのです。あなたがお金をもらうのは、当然かも知れませんが、私があんなに苦労して書類作りをしていたのをあなたが一番知っています。少くとも、一言、礼を言ってくれと言っているのではありません。お金を受取ったと私に告げるべきではないでしょうか」

大海兄弟は、だまっていた。相田さんは、私の意見に同意した。

その夜、私は腹がたって眠れない。

「熊野の人は、口が悪く、ずけずけ言うが、都会の人はおそろしい。きれいごとを言っても腹がわからない。いやだいやだ、田舎へ帰ろう」

思いたつと、胸がすーとした。同意してくれた相田さんには、自分の考えをのべて、帰郷しようと思った。夜の十一時、飛びおきて、タクシーをひろって、中野の相田さんの家をたずねた。ベルを押すと、奥さんが顔を出したが、私の訪問を歓迎せぬ表情で、中へ入れようとしない。奥の部屋に、来客があって、にぎやかにお酒をのんでいる。玄関の中に無理に入ると、奥が見える。そこで利平さんと相田さんが祝杯をあげるように呑んでいる。

昼、私と同じように興奮して、利平さんに喰ってかかった相田さんはどこへ行ったのか。

私は飛びだした。私はくやしさに涙をぼろぼろ流しながら、柏木のアパートへ走りつづけた。

「絶対田舎へ帰らぬぞ、こんなに馬鹿にされて、絶対負けるものか」

心の中に闘志がもりもりと湧いてきた。

相田さんの知りあいのある銀行の重役の弟が、アルミットに一千万円投資したいと言ってるから会ってこいと用宗の父から電話があった。

私は、父に、

「あいましたが、本当にお金があるのでしょうか、一千万円とは大変な金です。その人が新宿西口のハーモニカ横丁のやきとりやで御馳走をしてくれました。大海さんや相田さんは、お金のある人は、質素だと感心しているけど、おかしいです」

相田さんたちは、そのお金に惚れて、アルミットは売れないから、投資してもらって、加工に専念すべきだと主張した。

父は、反対した。

「どんな苦労してもアルミットを売るべきだ、味の素で料理がうまくできるからと、料理屋をはじめるようなものだ、味の素を売らなければ事業として成功しない」

相田さんと、大海利平さんが役員となって中野区朝日ケ丘の今までの工場で加工をはじめることになり、「アルミット工機」という会社をつくった。私は、大海達雄さん五、六人と新宿角筈に移り日本アルミットとして、販売に専念することになった。アルミットの実施権は、日本アルミットにあるから、当時は、売れる量が知れているので市川の大海利平さんの家の庭に、会社で家を建て、そこで製造して、会社が買取っていた。利平さんも相田さんも日本アルミットの役員で、父はまだ用宗の巴川製紙にいた。

アルミット工機が動きはじめた。アルミットの売上げのほとんどがアルミット工機であった。私達は一生懸命、ダイカスト星、鋳物屋、板金屋に売りこみに行くが一日1―2kも売れば大成功だった。

何か月たってもアルミット工機は代金を払ってくれない。利平さんは現金引換えでないとアルミットを持ってこない。それもたいへんよい値で買っているから、裕福なのは、大海兄弟だけである。私は当時まだ三十歳になったかならないかで、経理をやっていた。四人で会議をやると、三人は、

「親会社は小会社の面倒を見るべきだ」

お金は払わないが、アルミットは供給せよと言うことだ。

多勢に無勢。私は、新宮商行の追分さんに、相談した。追分さんは、相田さんと大海兄弟と私の四人を呼び、日本橋の新宮商行で会議をした。三人は口を揃えて、

「そんな馬鹿なことを私達が言うはずがない、沢村君は頭がおかしい」

私は呆然とした。追分さんは、

「君達は大人なのだ。子供みたいな沢村君を前にそんなことを言って、恥かしくないか。あなた方は、一千万円も投資してもらったから払うのは当然だ。もし払わねばアルミットを渡さなくてもよい」

その後、少し払うようになったが、使用量からみて、利平さんから直接横流しをしていることは明かだが証拠がない。黙認せざるを得なかった。

7　お世話になった追分さんの急死

新宮商行東京支店長の追分努さんから、

「仕事は見切りが大事だね。そろそろアルミットの整理を考えたらどうか。君の身柄は責任をもって引き受けるから」

私は、とうとう来るべきものが来たと思った。さすが、その夜はねむられず、夜中に起きて、今までの売りあげの統計のカーブを調べてみた。二年ほど前から、売上げのカーブが上ってきている。早朝、日本橋の事務所へ追分さんをたずねた。

「売上げのカーブから見て、あと三年すると黒字になります。もう少し面倒を見て下さい」

「君はなかなかしぶといね。しかし、もうお金の面倒は見られないよ」

毎月赤字だから、お金が足りなくなると、新宮商行で手形を借りて、三菱銀行中野支店で割ってもらった。手形の支払日が来ると、新宮商行がおとした。その分が毎月、借金になってたまってきた。新宮商行から見れば、底なしの沼に金をすてるようなもので、内部では、いろいろな圧力が追分さんにかかっていたのだろう。私が苦労していることを知っているから、昼時などに伺うと、事務所の裏のレストラン「紅花」でビフテキを御馳走してくれる。暮の忘年会なども、社員全部を、新宮商行のゆきつけの料理屋の「さくら」に招待して、みんなに手みやげまで用意してくれる。そんな細かな心くばりをしてくれていただけに、追分さんの言葉は、こたえた。

しばらくして、新富商行から、H銀行の支店長をしていた前橋源一（仮名）さんが経理部長に入ってきた。中に入って、あまりの赤字におどろいたのだろう。なかなかなじんでくれない。給料日の前日、私は、シリコンのハンダづけの技術指導に京王線の共和電業に行った。帰りにお車代の袋をもらった。入気のないところで中を見ると、十万円入っていた。三時頃社に着くと、経理の高橋君子が飛んできて、「明日払う給料がないのですよ、経理部長は皆の前で、ない袖は振れぬと言って、家に帰ってしまいましたよ」

私はとっさに、もらったばかりの十万円を計算に入れて、金策を考えた。社員の給料は、どんなことがあっても一日もおくらせるわけにはいかぬ。大口の得意先に集金をたのみ、すぐ集金に行かせたが、どうしても六万円足りない。

池袋の駅前の電話店で、電話を質に入れて、調達した。お金を返すまで電話店の奥さんの名であろうか、上本愛子という名儀に所有者がかわった。毎月電々公社から来る電話料の宛名が、日本アルミット内上本愛子様とくるので、知らない社員は、おかしな顔をしている。上本愛子さんとのつきあいは、六か月ほどで終った。

前橋経理部長は、東芝からもらった手形を、個人で割って、それを決算の内訳明細書に書いてい

たから、熊野で静養中の父の滝川は、

「銀行の支店長までした人が東芝の手形を銀行で割れぬとは、もっての外である。自分の出身のH銀行新宿支店にあずけた定期よりも単名で借りている金が少ないのは子供だってできる」

東芝富士工場へも売れはじめ、先行き明るい見とおしが出てきた頃である。父は、前橋さんを、やめさせるように新宮商行へ言いに行けと言った。私は仕方なく、追分さんに伝えた。H銀行から入って、新宮商行の専務になっていた石田屯さんが小樽本社から飛んできて、三人で協議した。石田さんは立場上、前橋さんをやめさせるわけにはいかない。

その結果、今までの借金の金利は棒引きにするから前橋さんをもう少し面倒を見てくれという話になり、父に伝えると、それほど言うならばと、OKになった。

それは大変な金利だった。確認書を三通つくり、一通は新富商行の東京本社の金庫に納めた。石田専務は、上京以来、からだが不調で、ガンになって東京で入院し、しばらくして亡くなられた。それに前後して、追分さんは、千歳空港から小樽へ向う自動車に乗っていて、対面車と激突して、即死してしまった。ちょうど、日本アルミットの秋の社員慰安旅行に出発する朝、その知らせが入り、中止した。

数か月たって、新宮商行本社から、

「懸案の金利問題はどうなったか」

三人の決定が本社にも社長にも伝わっていなかった。東京支店の金庫から書類が出てきた時、私は、世の中はおそろしいな、もしその書類がなければ、誰が私の言うことを本当にしてくれるだろうかと思った。

私は、今でも追分さんの家にお盆と正月は顔を出すことにしている。奥さんの佳苗子さんは、日本画がうまい。芸は身を助けるで、高級和服の絵付けをしている。そんな方ですから、芸術について、一とおりの鑑識眼をもっておられるので、たまにお伺いした時は、アンティックや絵の話で、楽しいひとときをすごす。

8 東芝から大量発注がきた

東芝小向工場（川崎市）は、東京近郊で一番近代的な大きな工場だった。この工場にターゲットをしぼることにした。

会議室では、数人の技術者が同席した。立技茂男さんという若い技術者が、

「今までアルミニウム用はんだをとりあげるたびに、信頼性がなくて迷惑をこうむっている。だからとりあげるわけにはゆかぬ」

「今までのものとちがうから売りこみにきたのです。あなたも技術者ならば、すべて、テストをし

てその結果、よいか悪いか判断すべきでしょう。天下の東芝の小向工場が採用してくれなければ、日本アルミットは解散します」

こうして、一年近く、さまざまなテストをしてくれた。私も、ほとんど毎日通った。アルミットを工業用に最初に認知してくれたのは、東芝であり、立技さんであった。二、三年前、東芝日野工場の部長になられていた立技さんに再会した。昭和五十九年四月八日の日本アルミット研究所の落成式には、立技さんもおよびした。

東芝の電気釜のハンダ付けにアルミットが採用され大量発注が……

東芝小向工場から、はじめ二十キロ、次に七十キロの注文は、私達に大変な自信をつけた。そのデータがもとになって、東芝富士工場が、電気釜にアルミットを使うことになった。当時、東芝にとっても、大変な冒険だった。その頃東芝が開発した電気炊飯器は爆発的な売上げを見せ、家庭電化の流れが定着した。他メーカーの追随がきびしいから、東芝としては、新規軸を出す必要に迫られた。

後できくと、東芝富士工場では、アルミットを採用した新方式の電気炊飯器を百個つくり、百人の社員の家庭に一年間使わせて、実用テストをした。

従来品は、釜の底に雲母ではさんだニクロム線で間接加熱をする。水が入ると、絶縁性がそこなわれるだけでなく、感電の危険さえある。新方式は、アルミニウムの厚板をプレスして釜の本体をつくる。底に、ニクロム線を、マグネシヤで絶縁したアルミシース線をアルミットAM三五〇を使って、ハンダづけする。シースとは、鞘のことである。

刀の鞘と思えばよい。これなら、水に濡れても心配がないし、熱効率がよい。

この方式は、東芝の電気鍋、電気アイロンに使用されはじめた。今まで静かだった事務所が活気がおびてきた。

電気釜では、にがい経験がある。Z電気がアルミットを電気釜に使ったが一万個ほどに穴があいたという苦情である。発明者は、姿を消したので、私が行くことになり腹をきめて出かけた。会議室では十人位の技術者や、オーナーが集って、けんけんごうごうである。

私はだまって、一言も説明もあやまりも言わない。しばらくして、誰かが、

「沢村さん、君は無責任ですぞ、それに一言もあやまらない」

私はたち上って、皆の顔を見わたして、静かな声で、

「皆さんは、なにか誤解なさっているのじゃないでしょうか。事故はたしかにおきたが、それは私達の責任か皆様の責任か、わかっていないのです。原因は科学的に調べれば必ずわかります。それが今一番必要なことでしょう。この電気釜への採用は、部長から、現物をあずかり、私どもがハン

ダ付けして、それにアルマイト処理を皆さんの方でなさって、部品をつけて、各種のテストをした結果、電気釜に十分使えるとの決定をしたのは、私の方ではなく、皆さんの方です。

それに、もう一つ大事なことを言わせてもらいます。私どものハンダを使って、加工するのは、下請さんですることになりました。私どもは心配だから、その加工を管理するか、見せてもらいたいというと、あなた方は必要ないとことわったのです。あなた方の責任のもとに生産された電気釜の底に穴があいたのです」

皆の視線は、私ではなく部長のもとに集った。

「今、責任をどうかというのではなく原因を明らかにする事だ」

部長は、話題をすぐ、切りかえた。

「沢村さん、原因はなんだと思いますか」

「私もわかりません、色々条件を変えて、実際に製品を作ってみれば直ぐにわかるはずです」

テストの結果、それは、ハンダの責任でなく、アルミ鍋の底に帯状のアルミ板をハンダづけする時、全部つけると、費用が高くなるからと、部分部分にハンダづけすると、つかない部分ができる。それをアルマイト処理をした時に、つかない部分に放電現象がおこり、いわゆるショートがおこって、アルミの鍋の底に穴があくのである。ハンダづけした部分かその周辺に事故がおこると、簡単にハンダの責任にされてしまう。ちょうど、火事があると、原因がわからぬと、漏電と認定されてしまうのによく似ている。

東芝富士工場が電気釜にアルミットを採用し、トン単位で出荷されるようになると、ぼつぼつ他でも注目しはじめた。

9　アルミットの一番長い日

テレビのクイズで、

「アルミニウムはハンダ付けできない」

が正解になった。私はテレビ局に、

「私たちは、アルミハンダのメーカーです。テレビのアンテナも、導波管も、消磁コイルもコンデンサーもアルミハンダで作られています。もしアルミハンダがなくなれば、テレビの画面が白くなります。それに科学技術庁の第十一回の注目発明を受けているのですよ」

昭和三十四年に、父は巴川製紙を停年で止め、日本アルミットの社長に就任した。父は将来のために、小田急線南林間に土地を買おうと、熊野出身の奥村保さんが社長の横浜にある不動産屋に頼んでいた。発明者を含めた取締役会で議決して、工場用地を買うことになった。今から考えると嘘のような値段で、南林間の駅裏七分位の道路のわきの平地が三千坪、坪二千円で、六百万円だった。

私は、政府の低利長期資金の六百万円を借りるために関係官庁を走りまわった。受理するとの通知が来たので赴くと、発明者が一足先にたずねて、

「必要性がない」

とことわってしまっていた。

工場を建てられると、生産が会社に移るのを、発明者はおそれたのであろう。それまで売り上げ量が少なかったから、本人に作らせて、会社が買取っていた。父は、

「今土地を手当てしておけば、将来必ず大変な財産になる。発明者の兄が高商の同級生だから出資したが、まちがっていた。共に仕事をすべきでなかった」

落胆して、会社に出てこなくなった。その頃、母は糖尿病で急死し、しばらくして、父もまた郷里の和歌山で脳溢血で倒れ、長い闘病生活に入った。

その頃、東芝富士工場から大量の注文が舞いこんだ。社内は騒然となって活気を呈した。発明者の個人的な生産では、間にあわない見とおしが出て、会社で生産するために発明者との打合せなどがおこなわれた。

発明者から、一通の内容証明の書留が届いた。開けて見ると、

「アルミットの供給は停止する。実施権の契約は解除する」

私は、怒りで手がふるえた。社員も真青になっている。発明者側からみれば、この喧嘩は、確実

に勝つと踏んだであろう。それに、アルミットは今までのたくさんな借金を抱えている。

「今まで、みんな歯を喰いしばって、アルミットを売るために、六年も苦労してきた。やっとよくなる見通しがついたのに、われわれを裏切るとは、絶対に負けないぞ、こんな理不尽な発明者などに」

私をみつめていた社員達から、

「おう」と言うことばと言えぬどよめきが湧き上った。

東芝富士工場へアルミットの供給を絶やさないことが、この戦いの天王山である。販売店、代理店、顧客にあるアルミットを集める手が打たれた。製造のための金型を作るには少なくとも十五日はかかるという金型屋の返事である。知りあいの鉄工場の旋盤を、夜借りて、旋盤の経験者の社員が自分で作ることにした。私の友人の田中貴金属の渡辺朔郎さんに頼んで金属材料の入手を手配した。金属を溶解するバーナーやルツボを買いに行く者、滝川社長の自宅の庭にテントをはって、仮工場を作るもの、川口の鋳物工場へ金属の溶解を研究にゆくもの、実施権解約の無効の仮処分申請を弁護士に頼みに行くもの……。

命じられた社員は、これほど早く、これほど確実に、これほど必死に動き出したことが今までにあっただろうか。在庫は東芝の使用するアルミットの一週間分しかないのだ。まさに、アルミットの一番長い日が始った。

翌日、日刊工業新聞に、

「日本アルミット、発明者と特許係争、実施権解約さる」

発明者側が一方的に流した記事が大きく載った。これを見た東芝富士工場から、電話がかかってくる。

東芝富士工場がターゲットになった。私達は毎日、東京から東芝富士工場へ通った。後できくと、発明者側は、富士駅の前の旅館に陣どって、午前中通い、私達は午後、東芝へ出頭した。泥合戦である。私は、新宮中学の同窓会東京支部の幹事の中村簡古氏をたずねた。先輩の玉置発作氏を紹介された。当時の東芝の人事担当副社長の玉置敬三氏は、弟である。

泥合戦はおわり、東芝は、私達の立場を認めてくれた。内容証明の手紙がついて、四日後、テント小屋から、アルミットが生産され出した。発明者側は、その速さが信じられず、前から作る準備をしていたと思ったそうである。

発明者を被告とした実施権解約無効の訴えが千葉地裁に出された。発明者が実施権解約の内容証明の通知が投函された後で、役員辞任の届けの手紙が投函されたことが、切手に押された消印の日付けでわかった。それは、役員の背任罪を意味する。また契約といえども正当な理由なくして、一方的に解約できない。

一年後、示談で契約が確認された。こんな荒療治で発明者から、生産が日本アルミットへ移った。

今まで、発明者のベールにおおわれていたアルミットの秘密は、若い研究員の手に移り、新しいアルミット誕生の動きがはじまった。

10 角を矯めて牛を殺した男

新宿角筈の日本アルミットの事務所に黒づくめの背広をきた紳士が三人やってきて、一枚の手形を示した。

「この手形は、ここの会社の振出手形か」

見ると、額面六十万円、振出人は日本アルミットである。会社設立の時に、相田（仮名）さんが、中野のあるお医者さんに借りた金である。父が、金を借りている証拠に、期日を記入しない手形を発行して、そのお医者さんにと相田さんに渡した。いわゆる商取引上発生した手形ではなく、借入金の証拠として渡した手形である。相田さんは、日本アルミットの役員だから、会社に無断で手形を第三者に渡すことはできない。本人に問い合わせると、

「お医者さんに手渡してあるから、私は関係ありません」

とうそぶいている。静岡の父は、聯合紙器の株を売って、その手形をおとした。後でわかったが、相田さんに融資を二千万円すると、アルミット工機に入ってきた人は、有名な高利貸の手先で、相

田さんの家と土地を担保に、その高利の金で会社を運営していた。

そのうち、相田さんの百坪余の自宅が七環の道路拡張で一部分が国に買収され、六百万円の補償金が出ることになった。当時、日本アルミットの社長の父に、相田さんが相談に見えた。

「相田君、その六百万円をアルミット工機に渡して、残りの土地の担保を抜いてもらいなさい。そうして工機をやめれば、日本アルミットは、君の身柄を引き受けよう。それ以外に君の生きる道はない」

相田さんは、よろこんで帰ったが、家に帰ると、

「何故六百万円もの金をすてるのですか」

奥さんに反対されて、その金を、アルミット工機に投資して、「再び支配権を獲得した」とよろこんでいた。一年もしないうちに、高利の金だから、アルミット工機は不渡り手形を出し、家は高利貸しにとられてしまった。

その後、どんな形かわからないが韓国人の高利貸が入ってきて、社長然として相田さんを使っている。名も東京アルミットと変っている。やはりアルミットを買いに来て、それで加工の仕事をしているが、支払いが悪く困っていた。

この工場は、もともと、日本アルミットで使っていたもので、第一電気商会から借りて、又貸ししていた。その第一電気商会から、立退きの要求があり、私が折衝して、引越料百万円をもらった。

韓国の人に、その百万円で立退きを交渉しても、らちがあかない。相田さんに四百万円の債権があるから無理はない。

新宿駅前の安田ビルの地下のレストランで韓国の人にあった。見ると雲をつく大男である。

「私は今、百万円現金を持ってきました。これで手を打って下さい。相田さんの四百万円の債務は、私に関係ありませんし、あなたが相田さんをしぼってもとれるはずがありません。もしこの百万円で嫌なら、弁護士をたのんで強制立退きをしてもらいます」

しばらく、だまって、私の顔を見ていた彼は、手を打ってくれた。それから韓国料理店で、御馳走してくれた。「あなたは嘘をつかない。私を韓国人だと馬鹿にしなかった」

ぽろぽろ涙を流しながら、

「僕はこの交渉に使う奥の手をもっていたが、使うのはやめたよ。君に引出物にあげる」

内ポケットから、一通の書類を出した。発明者の大海利平さんがアルミット工機と交した秘密の契約書で、韓国の人にゆずる譲渡書までついている。日本アルミットの取締役の相田さんも発明者の兄の大海達雄さんも署名捺印している。

日本アルミットが倒産したら、アルミット工機に、アルミット販売の権利をわたすことなどこまごまときめている。その頃は、父は、病気で倒れていたから、新宿商行の支店長の追分さんに見せた。新宿商行は日本アルミットに実施権があるから金を出している。追分さんは激怒して、

「非常勤役員であるにせよ、相田さんとは、この際、縁を切るべきだ」

「相田さんに日本アルミットは給料を払っていなかったし、またアルミットに関係したために家と土地をとられたのだからできません」

私は反対した。

「君は甘いんだなあ、将来必ず、君は毒を呑まされるよ。断言してもよい。表面にこやかにして、やることは汚ない」

追分さんの言葉どおりになることを私は、予想することができなかった。

その頃、神戸の代理店の近畿アルミットが、関西DXアンテナの下請加工をして、儲けていた。私は社長の山崎為一さんに頼んで、相田さんを、役員として迎えてもらった。

その後、近畿アルミットは放漫経営で倒産したので、相田さんを引きとって大阪出張所の所長にした。もちろん、日本アルミットの取締役だった。

11　身銭で我慢してもらった特別手当

昭和三十五年に、母が持病の糖尿病が悪化して、至誠会病院で急死した。父は、そのショックもあったのか、会社の方に出て来る日も少なくなった。そんなことが影響したのか、郷里の太地の自宅の改築の打合わせに、田舎へ帰る父を東京駅に送って、二、三日すると、夜中に父が友人の諸木源造さんの家で脳溢血で倒れたと電話があった。

十二月初めの寒い冬だった。父は諸木さんの家で意識不明で高いイビキをかいて寝ている。五日位、父のそばについていたが、いつまでもそうしてはおれない。年末の金策や、社員の年末手当を出すために帰らねばならぬ。夜行で太地から東京駅へ帰ってきた。朝の五時頃で、外はまっ暗だ。さすがに疲れた私は、八重州口から、調布市仙川の自宅へタクシーを走らせた。

家の近くにくると、女が子供を背負って歩いている。見ると、家内の昭代と、長男の専(マコト)だった。車をとめて、乗せて家に帰った。子供の熱が下らぬので、近くの町医者に診てもらっての帰りだった。

朝が白みはじめると、新宿角筈の会社に出かけ、銀行まわりや金策の手を打ちおわると、午後の二時頃である。やっと子供のことが気にかかり、医者に電話をすると、

「四日ほど高熱がつづいているので、小児麻痺か、脳膜炎の疑いがある」

すぐ、新宮中学の同級生で渋谷の日赤病院の小児科の久保倫生先生に電話をした。

「直ぐ連れておいで」

適切な処置で、心配した病気にもならず、十日間ほどで退院した。

人間は、悪いことがあると、つづくものだということを、思いきり味あわせてもらった。父もそ

の頃のアルミットの不況の心労や母の死のショックなどのストレスが、脳溢血を招いた原因だと思う。父は、社長のまま、太地町の総合病院に入院し、少しずつ快方に向かい翌年には、杖をついて歩けるようになった。たまたま、太地町の家を建て替えていたので、大工さんの仕事は進行するし、お金はかかるし、父の家を建てる個人的な金策も私の仕事になった。

父は昭和三十八年に、長野県の鹿教湯のリハビリテーションの病院に入院し、一年ほど後に太地の自宅に帰り、死ぬまで東京へは帰らなかった。私は、毎月、前月の試算表をつくり仕事の近況を父に報告した。また、毎日、会社の日報を送った。一日の売り上げ、現金および、当座、預金の動き、来客などが記載されていた。その頃になると、アルミットの売り上げも増えはじめ、明るい見とおしがついてきた。父も安心したのだろう、仕事の話がおわると、コップ酒を出してくれて、父も少しは呑んでもよかったので、太地でとれる鯨の刺身などを看にして、好きな民俗学や郷土史の話をして、夜のふけるのも忘れた。太地には、父の友人や兄や弟がいたので、来客も多く、父にとっては一番たのしい頃ではなかったかと思う。

昭和四十五年には、約一千万円の利益が出た。前から利益が予想されていたので、会社の給与規程を改正して、九月の決算期に臨時手当を出すようにした。

父は言った。

「利益が上れば、みんなに戻すんだからと尻を叩くように」

一か月分の臨時手当の案をつくり、社長である太地の父の家を訪ね、夜おそくまで、何度も手当の査定をして、支給案を決め、承認の印をもらって帰った。

途中、特急が新宮駅に着くと、プラットホームで、私の名がアナウンスされている。なにごとか、また父の急変でもあったかと、飛び下りて駅長室へ行くと、太地の父からの電話だった。

「後から考えたのだが、まだ会社の基礎が固まっていないから、臨時手当の支給は撤回する」

私は、絶句した。たのしみにして待っている社員の顔が目に浮んだ。父は頑固で、一度いい出したら、絶対にかえない。それに脳溢血でやられているから、感情の起伏がはげしくなっている。喧嘩して血圧が上っても困るから、それ以上を言う元気もなく東京へ帰った。

翌日、皆を集めて、専務の私は今までのいきさつを話をしてから、

「社長の気持もわかるし、君達の気持もわかる。私は、今まで、皆に成績が上ると必ず、それ相応のことをすると約束した。そして皆はそれにこたえて、今年はこれだけの成績を上げた。しかし、社長の言うこともきかねばならない。まことに不本意であるが、今私が長い間、乏しい給料からためた貯金と定期を解約して、全部出してきた。一か月の手当分には及ばないが、受けとって欲しい。そうして早くそういう手当を社長がうんと言って出せるようにして欲しい」

常勤の役員を含め皆に手渡したが、一人も不満をもらすものはなかった。

12　全社員が辞めても動揺しない

経理部長の前橋源一さんが辞めてしばらくすると、父の教え子の阿部俊春さんが父の推薦で入社して経理を担当するようになった。しかし、東京の空気の激変が悪かったのか、町田から通勤するのがこたえたのか、二、三か月して喀血して数年間入院生活を送った。その補充に新宮商行から加藤正一（仮名）さんが入ってきた。新宮商行の社長の親戚の知り合いで、東大出で戦事中の国策会社の整理会社の社長をしていた人で、七十歳をこえていた。なかなかいんぎんな人で、若造の私より数歩後を歩き、ドアを必ず開けてくれるありさまで、大変よい人だと思った。最初、新宮商行の川田支店長から話があったが、熊野へ社長に相談に行くと、そんな偉い人は使えないからことわれという。川田支店長が、

「もし使えない時は、私が責任をもつから」

というので採用した。

入社すると、タイムカードを見て、

「この会社は三回遅刻すると一日の欠勤と見なすとあるのはきびしい」

そんなニュースが入ってきた。誰も彼の発言に同調しなかった。それは、出勤時間のルーズな人

と、早く出る人があるから、その解決策を私は全社員に提案し、皆の一致した結論で三日遅刻は一目欠勤扱いとなってたからである。

その頃、東京ソルダリング社に私の会社が出資していた。アルミハンダ付け加工を専門とする町工場が板橋大山町にあった。社長は山崎次郎（仮名）で、ある日突然夜逃げをした。今でも、生きているかどうか……。その工場がうまくいかないから、何とか建てなおそうと思い、加藤さんと相談をした。すると知りあいによい人がいるからと連れてきた。工場経営の経験のある人で、何だかよさそうに思った。打合わせをすませ、三人で夜の新宿に出た。伊勢丹近くの、小さなバー「ミンク」に入った。話の途中で、私がトイレに立った。戻ってくると、席についた女性たちが、なぜか、だまっている。加藤さんが、

「この店は、ちょいちょいくる店ですか」

とむづかしい顔でいった。

二、三日して、その店へ行くと、私をかげによんで、

「この間きたおじいさんの人は、どこの人、会社の人なの、もう一人の男に、あなたがトイレに立った時に、あれは社長のバカ息子だとはっきり言ったのよ」

小樽出身のヨシ子さんは興奮して言った。私は笑って、

「バカ息子だから、そう言われてもしようがないね」

それから加藤さんと特別の時以外は呑みに行かないことにした。会社の恥となるからである。東京ソルダリング再建の話は立ち消えとなった。

そのうち、少しづつ会社の空気がかわって含た。どうも加藤さんと、大阪の相田さんがよく連絡して、会社の中を、沢村派、アンチ沢村派とわけはじめた。

ある夕方、社員の一人が、皆に頼まれたものだからと、連判状を待ってきた。

会社に請求する条件がいろいろ書いている。給料の値上げなどである。中に、運営会議をひらき新営商行関係の人を入れるという項目がある。加藤さんの発言力の強化だったのだろう。私はだまって机の引出しに入れた。

大阪へある社員がその書類をもって行き、相田さんの同席のもとに、社員の署名と捺印をとった。

相田さんに、

「あなたはかりそめにも役員じゃありませんか、一言たしなめるなり、私に報告する義務がある。背任行為だと言われても仕方ない。あなたも策謀者の一人でしょう」

私は、この書類を一切無視することにした。ただ待遇だけは、できるだけ改善した。紀州にいる社長という大御所があるかぎり、私の自由になるはずがない。主謀者は浮き上って、一人づつやめてゆき、三、四人やめた。私は、退職者の送別会には、必ず採用者を含め、一諸に歓迎会をやった。不況の会社で、人がやめると、残った人は嫌な顔をする。入ってくる人があると、皆元気になって、やめる人がしょぼんとなる。

私は、ある時、長男の専にいった。

「もしお前が社長になった時に社員全部が会社をやめるといってきたら、お前は何というのかな」

だまって、私の顔を見てだまっている。

「ご苦労さん。長い間ありがとう。それだけでよいのだよ」

「じゃ、その日から仕事ができなくなるでしょう」

「いいじゃないか、皆がやめても、次の日には、人を採用できる人脈と、人とのつきあいを持っているのが社長だよ。いつもよい人材がないかと唾をつけておくのが社長の仕事だよ」

ある時、父の滝川に、

「もし私が死んだ時に、加藤さんを信用しないで下さい。たいへんなことになる」

父は、これをきいて、おこった。

「お前は人を見る目がない」

いろいろな事件があって、加藤さんはやめた。人を使うことのむづかしさ。また派閥を作る人がいると、どんなに会社が困るかを、思い知らされた貴重な経験であった。

13　だまされる男とだます男の違い

大阪出張所長の相田信一から電話がかかってきて、

「新東洋精器の社長夫妻がたずねて行くから夕食を御馳走して下さい」

二、三日後、夫妻がたずねてきた。お二人とも肉づきがよく堂々としていた。しかしなぜか妙な匂いがした。カンだった。信用できないという感じがして気がすすまない。お昼を近くのレストランでして、口実をもうけて、夕食はことわった。

数か月たって、大阪から、

「この頃、新東洋精器に集金に行くが、お金を払ってくれない。それに社長の姿が見えない」

相田さんのことばに、

「庭にドラム缶にでも入れられて、埋められているのじゃないか」

十日ほどして、朝日新聞に、

「裁判所をだまして逃亡、死亡届が披露宴でばれる」

の見出しで、新東洋精器の社長のことが載っている。社長の小松某は、詐欺事件で公判中、病気診断書を改竄《ざん》して、死亡診断書にして裁判所に提出したため、被告が死亡したことになり、刑事裁判は中止になった。姿を消していた小松某は、社員の結婚式の仲人をして、当日姿をあらわし、結婚式の写真に載っていたために死亡していないことがわかった、という記事の内容だった。

二、三日すると、大阪から裁判所の職員が私をたずねてきた。

「どうも東京へ立ちまわった形跡がある。知っていることがあればおしえて欲しい。にせ診断書にだまされた裁判所の威信にかかわるから、捜しておるのですよ」

しばらくして逮捕の記事が載った。

大阪へ出張すると、

「今から新東洋精器へ顔を出して欲しい。今は社長の弟が経営して、なかなか評判がよろしい」

相田所長と新東洋精器をたずね、門を出た。

「相田さん、こんどの社長をどう思うかね」

「いや立派なもんです。人格者で兄貴と大分違いますよ。暮のボーナスも大阪府と交渉して融資保証をしてもらったそうですよ」

私は、やさしい言葉づかいで、不渡り手形を出したことを詫び、「なるべく早く返済したい」という弟のことばを思い出しながら、

「困ったなあ、僕と相田さんとの見解は、月とスッポンだね、あの人はヤーさんだよ、絶対信用してはいけないよ。不渡手形を三枚ももらっているのだから、絶対アルミットを売ったらいけない。

どうしても売ってくれと言えば、現金と物々父換なら売ってもよい。必ずだよ」

三十人位の町工場にしては立派な工場で圧力計を作っている。アルミットSP—27を使っている。

数カ月たって、秋の風の吹いている頃、相田さんから電話で

「新東洋精器が倒産した。夜逃げをしました」

「こんどは、不渡り手形をもらってなかったのでよかったね」

電話の奥で返事がない。ああひっかかったな……

「先付小切手を二枚もらっています。二八万円です」

「馬鹿だなあ、あれほどいってあるのに、こんどの給料から差し引くよ」

新東洋精器の社長は、社員全部をつれて、バスで白浜にでかけ、二泊三日の社員旅行の最中に姿を消してしまった。浮かれて、白浜でドンチャンさわいでいる時に、大阪へ帰った社長は、工場も土地も全部売りとばして姿を消してしまった。あきれたというより見ごとなものである。詐欺師の風上における人ではないか。私が相田さんの給料から引くというと、大変おこった。「会社の損害を個人に責任をもたすのはけしからぬ」は、ごもっともだが、現金と引換えに現物を渡すという条件をやぶって、先付小切手を、しかも二枚も、もらうとは、大変なお人好しである。これまた見事というべきか。もちろん給料から引きはしなかったが——。

14　アルミットに夢を託した人々

もう三日も、徹夜がつづいていた。納期が明日に追っている。神戸のダンロップから、受註した仕事だった。畳一枚ほどの定尺板、厚さ五ミリほどのアルミニウム板を、二枚断面づけをする作業であった。V字型の開先をとって、アルミットのAM―三五〇でハンダ付けをして、三十センチ進むと、ハンダ付けが完了したところに亀裂が入って、割れてしまう。

簡単に考えて、引き受けたができない。試行錯誤のくりかえしだった。

「おわったぞー」

と声にもならぬ嘆声があがった。三日目の朝の九時、やっとでき上った。わかれば、誰でもできるアルミニウム板の膨張を逃がすノウハウを見つけた。私と亀井辰市さんと、山崎為一さんと谷清さんだった。

近畿アルミット工業の工場の風景である。

亀井辰市さんは、若い頃、毎日新聞の記者だった。私の育った宇久井村の出身であった。

戦後、神戸のゼネラル物産に勤めていた。アルミットをフランスへ輸出しようと骨を折ってくれたが、後になって、山崎為一さんをスポンサーにして、近畿アルミットをこしらえた。近畿地区の代理店の三紀産業の大山清次郎さんから、神戸地区の代理権をもらうと同時に、アルミニウムの加工をはじめた。関西DXアンテナのアルミパイプ半田付けとアルミパイプのイリダイト表面処理を引受きて、大きな利益をあげていた。肝腎の日本アルミットは赤字で大変な時である。神戸へ行くと、毎晩、夜の世界の「黒い真珠」「金馬車」などを案内してくれた。天国と地獄である。そのうち、亀井辰市さんは、山崎さんがワンマンで、利益を二人占めするのに嫌気がさして、独立しようと考えた。名古屋に進出しようと思い、山崎さんには、郷里の熊野へ帰ると言って、送別会や過分の餞別を貰った。それがばれて、山崎さんと辰市さんと嫌悪な空気になった。為一さんは、アルミットを亀井さんに売るなと主張した。そこで、私が調定役で東京から山崎さんの説得にでかけた。

山崎さんには一理あるが、社をやめた人まで束縛できない。二日間夜おそくまで、説得しても、ききとどけてくれぬ。それに、当時、日本アルミットの最大のお客だった為一さんの要求を無視できぬ。それほど私たちの力が弱かった。

私は、疲れはてると同時に、亀井さんの姑息なやり方に腹が立ち、山崎さんの頑固さに辟易した。へとへとになって、自然のなりゆきにまかして、東京へ帰った。亀井さんは、その後随分苦労したらしい。この人は、大変なセールスマンで、私はアルミットのセールスの仕方を、教えてもらった。亀井辰市さんは、その後、大阪でアルミニウム硬ろうを使って、半田付けする仕事で成功して、財をなしている。昭和五十九年四月に秋川市に完成した日本アルミット研究所の披露宴に、心ならずも別れた人達にも、招待状を出した。亀井さんにも出したのは、感謝の気持ちだった。返事がもらえなかった。

三紀産業の大山さんは、関西地区の代理店が軌道にのらず、山崎さんから金を借りたために、代理店の権利をゆづるはめになった。

大山さんは、昭和三十八年名古屋の佐藤正導さんのもとに走って、支持を受けて、中部アルミットを設立して、中部地区の代理店になった。

名古屋は、他者を嫌うから、随分苦労したらしい。やっと芽が出ようとした頃、急病を得て、大山さんが亡くなった。スポンサーの佐藤さんが社長になった。佐藤さんは、北京の紫禁城で、何百人の苦力を雇って、朝早く太陽が出ないうちに地上にできる霜を竹箒《ホウキ》ではき集めさせ、その霜を大釜で煮て、硝酸を採取した。軍の火薬の原料に納入した。軍からもらった軍票を大八車で積んで持ち帰ったが、終戦で大枚の軍票は、ただの紙きれになった。

日本に引揚げると、戦後の余剰電力を利用して、自家製塩をはじめた。そこに、大陸から引きあげてきた大山さんが旧友の誼で、ころがりこんで、何か月か徒食した。

大山さんと、佐藤さんはそんな関係だった。その後、大山さんは熊野へ帰り、私と知りあうのだが、佐藤さんは山一証券に入り、成績をあげて課長になった。

父の滝川の福島高商時代の友人の市谷勝太郎さんは、郷里の鳥取市吉方から上京し、東京でアルミットによる加工をはじめた東京アルミワークである。

アルミミットに夢を託して集った人で、今残っている人は少ない。創立の頃、銀行から金を借りるのに、自宅を担保に提供してくれた日刊工業新聞の和田健一さんは、今では、新聞社の総務部長をすてて独立し、包装資材の商社の社長になって、日本アルミミットに出入りしている。

第5章

スペースシャトルへの道

ミル(MIL)を驚かせた高性能ハンダKR—19（家庭用）

1　営業は戦国時代、寝首をとられるな

東洋ダイヤ資材（仮名）の藤田（仮名）部長がたずねてきた。話があるというので事務所の近くの喫茶店へ入った。外は日が暮れて真暗である。

「現在お宅のアルミットＳＰＩ27を売らしてもらっていますが、最近、よく似た新製品を私のところで開発して売りはじめました。しかし、ＳＰＩ27でなければというお客さんがいるので、従来どおり扱わしていただきたい」

私は笑顔をたやさずに、

「いいえ結構です。私どもに気がねせず、お売り下さい。残念ですが、私どものＳＰＩ27は、手をひかせていただきます」

東京ダイヤ資材を通じて、新潟の三条市の福田商会へ卸したＳＰＩ27は、内田製作所に納品されていた。内田製作所は、コロナで知られる石油ストーブメーカーである。その石油ストーブの亜鉛鋼板で作られた灯油タンクのハンダづけにＳＰＩ27が使われている。最近、量産にのりはじめ、毎月三百ｋｇ近く使用されていた。このＳＰＩ27は亜鉛メッキ鋼板用に開発されたハンダである。銀ろうを使用すると温度が高くて、亜鉛メッキが燃えてしまい、またふつうのハンダを使うと温度が

低いことと強度が弱いことから、開発された低温銀ろうとよばれる特殊なハンダである。国内の松下、トヨクニなど、ほとんどの石油ストーブメーカーに採用されていた。

東京ダイヤ資材が、急にこのＳＰＩ27に異常な関心を示し、「社員向けの講習会を開いてくれ」と申しこんできた。

「ちょっとおかしいぞ、調べてみないか」

と私が注意すると、翌日、

「変な話をきいたのですが、Ａ大学の下村教授（仮名）がうちのと似たハンダを東京ダイヤ資材に売りこんだそうですよ。ダイヤ資材の社員が藤田部長のやり方が気に入らぬと耳打ちしてくれました」

松本からの報告である。

Ａ大学の下村教授は、ハンダに関心をもつ幾人かの先生の一人だった。去年、ある会合の流れで新宿の料亭「大関」で食事をした。その時、ハンダの成分の話になり、ある種の成分に信頼性がないというので、

「先生それは一般的な配合ではだめですが、この成分とこの成分を、これ位の割合なら、なかなかよいものですよ」

といいかけて、しまったと思った。酒を呑んでいるから、口が軽くなっている。そこで「チタン

を何％加えるとよい」

後になって、特許公報が公開になると、私が話をした数日後に、下村教授の名で出願されており、しかも、私の言ったとおりの成分で特許請求の成分範囲が指定されている。事務所に戻るなり、帰りかけていた経理課の高橋君子をよびとめ、

「金庫にいくらあるか」

足りない金は、残っていた社員のポケットマネーを集めて、三条市までの旅費をつくった。

「松本君、今晩の夜行で、三条の福田商会へ行ってくれ、おそらく、福田社長に、東京ダイヤ資材から、手がまわっていて、むこうをむいたまま、返事をしないだろう。そこで、二つの点を話すのだよ。SPI27のにせものの成分は、出たらめの成分だから、必ず事故がおこる。次に、東京ダイヤ資材に卸していた価格で、福田商会に卸すから、あなたの手数料は二倍になる。そういうと、必ず、にっこり笑ってOKになるよ。そうすると、東京ダイヤ資材は、内田製作所に、攻勢をかけるから、内田製作所は、工場長、購買、生産担当まで、全部根まわしをしておいてくれ」
二、三日して、松本課長は帰ってきた。
「よかったですよ、あの次の日の午後、東京ダイヤ資材の藤田がたずねてきたのです。福田さんは、まったく沢村専務のおっしゃるとおり、全然むこうをむいたまま返事をしないのです。例の価格の話をすると、OKになりました。一つは私たちの対応のすばやさと、誠意が通じたのでしょう。

本心をうちあけて、今日、藤田さんが見えることになっていると教えてくれました。福田社長は、すぐ、奥さんに旅行の仕度をさせて、『久しぶりの休養だなあ、藤田君が見えたら、急に業者のあつまりができて出かけた。四、五日帰ってこないと言っておいてくれ』と言って、近くの温泉に私と一緒に事務所を出て行きました。私はその足で、内田製作所をまわりました。まったく危機一髪の差とは、このことをいうのでしょうね」

2　助けてくれた三和銀行の水越紀六さん

最初日本アルミットを設立した頃は、三菱銀行中野支店が面倒を見てくれた。父が巴川製紙の用宗工場長をしていた時に、知りあった大河内清美さんが中野の支店長をしていたためだった。ほどなく新宿角筈へ会社が移ると、新宿支店では、あまり面倒を見てくれない。父は福島高商時代の同級生の安済良一さんにお願いして、住友銀行新宿支店と取引をはじめた。安済さんは、当時住友セメントの副社長と、帝国酸素の重役をしていた。安済さんは住友銀行の銀座支店長時代に、東映の面倒を見て、東映隆盛のきっかけをつくった人だ。恩義を感じた大川社長が全傘下の映画館に住友銀行と取引するように指示をした有名な話がある。父の滝川が巴川製紙用宗工場の鉄道引込線を、住友セメントの生コン工場に利用させるかわりに、住友セメントの紙袋に巴川製紙のクラフト紙をつかうという、ギブ・アンド・テイクの関係は、父の滝川と安済さんとの友人関係でスムーズにいったようにきいていた。

昭和四十六年に、業界の不況の影響を受けて、売り上げが半分になった。私は全社員を集めて、

「皆もよく知ってのとおり、大変な赤字である。私は、十か月この赤字をもちこたえるから、半年間は、小さい所には売らなくてよいから、月に百キロ単位で売れるところに売りこんでくれ、毎日一kg売れても、年に三百キロ、月当り、二十五kgにしかすぎない」

この話をきいて経理部長の元H銀行支店長の前橋源一さんは、びっくりして、

「私は、この方針についてゆけません」

と辞表を出してやめた。

六か月たつと、売り上げは回復し逆にふえはじめた。私はH銀行の新宿支店に二百万円の融資を申込んだ。融資の係長は、提出した試算表と対借対照表を、ポンと机の上に放り投げて、

「こんな出たら目なものをもってきて」

きっと、前橋さんに近況をきいていて、この黒字が信じられないのだろう。くやしくて眠れなかった。次の日、住友セメントの安済さんをたずねて、住友銀行新宿支店の村上支店長に電話をしてもらった。四百万円を借り、直ぐH銀行の口座へ振りこんだ。

H銀行新宿支店に出かけ、

「今までたいへんお世話になりました。おたくの口座に四百万円入っていますから、割引手形の買戻しと、借入金の返済をさせてもらいます」

社へ帰ると、H銀行から電話があって、「申し込みの二百万円は口座へ入金しました」

住友銀行には、そんなことで大変お世話になった。赤字時代でも毎月必ず十日に前月の対借対照表と試算表をもって行き、赤字は赤字なりに現状を知ってもらった。

昭和四十九年頃、再び不況がおとずれた。石油ショックだった。ある日住友銀行へよばれた。新しく新任した次長だった。

「あなたの会社は、社長が二十年も田舎にひっこんでいて社長をしているのは、おかしい。この激動の世の中に、そんな社長にまかせて生き残れるはずがない。現状でつづけるなら、住友銀行は面倒を見られない」

私は、そのことを、なるべく私見をまじえずに父に手紙を出した。折りかえし返事がきて、

「銀行がそんなことをいうはずがない。それは、お前が私を放り出すために言っておるのだ。もし銀行が言ったとすればお前の意見の反映だ。今後、一切私は個人保証しないから、私の印鑑を戻すように」

私は困って、新宿駅の近くの住宅産業借用保証会社に三和銀行から出向している山本二紀雄さんをたずねた。

「三和銀行だったら助けてくれるよ。僕が電話をかけてあげるから水越さんをたずねてみたら」

山本さんは同郷で私の中学の先輩だった。

水越さんは、私の話をきくと、

「よろしい予貸率を考えずにお金を出しましょう」

手形の買戻しと、借入金の返済の金を全部用立ててくれた。

アルミニウムの構造不況は深刻です。代々木の事務所は、半分に縮少した。久我山の研究所分室も閉鎖して、もとの調布の工場へもどした。この研究所の分室は、「ソニー」の発祥の地、東通工のあったところである。ソニーは、ここから出ることによって天下のソニーになったのである。一歩後退、二歩前進のために、私たちもここから出た。これによって節約される経費よりも、いかに深刻にこの事態を受けとめてくれる社員の発奮の方が大事である。

この苦況からの脱出作戦のために試作中のコンデンサー自動付機をテーマにして、三和銀行を通じて、研究開発型企業育成センター（通称ペック）の保証で三和銀行より三千万円を借り、ようやく息をつないだ。

毎月赤字で、住友銀行が手を引いたのは、あたり前かも知れない。その頃、私の身辺に、不思議な事件がおこった。それは、何億という金が入ってくるという話である。この夢のような話は、結局成功しなかったが、社員の士気と、銀行の信用を保つために最大限に利用した。

3　小樽港に消えた福吉丸

東京都調布市の私宅に北海道野幌から、六十歳位の男がたずねてきた。

「あなたのおじいさんの沢村卯三郎さんが野幌に土地を持っていた。今でもその土地を沢村さんの土地とよんでいる。あれは本当に第三者に売ったのでしょうか。妙な噂が流れているので一度調べてみたら」

私は、汗をかきかき話をする初老の男を見ながら、なんのために、わざわざ野幌から私にこの話をもちこんできたのかと考えあぐねた。

「野幌へ来たら、この人をたづねて下さい。この人にたのまれてきたのです」

十数年前におこったある事件を思い出した。

アルミットのことで上京して、家に帰ると、一人の男が家の前に立っていた。佐藤厚の紹介状が入っている封筒をさし出した。

「御無沙汰していますがお元気ですか、君の祖父の沢村卯三郎さんの土地を、私が買ってたのですが、近く処分することになったが、あなたの名儀になったままで、私の名儀にしないと処分できないので、持参の委任状に捺印署名の上、印鑑証明をもらいたい」

昭和十七年、私が中学生の頃、札幌郊外にあった沢村卯三郎煉瓦工場を、借り主であった佐藤厚に売ったことは知っていたので、今まで登記せずにほっておいたのはおかしいと思いながら、役場に同行してもらい八通の委任状と印鑑証明を畠田慶四郎（仮名）という人に手渡した。夜行で東京へ帰るにはまだ時間があるからと、家で一緒に夕食をして、十時頃の汽車で帰った。

その時、父が巴川製紙の用宗工場にいることを話すと、

「私の兄が県の衛生部長をしているから、お父上にあうように伝えて下さい、なにかと便利なことがありますよ」

後日、父が衛生部長に会った時、その話をすると、

「弟は乱暴者で困ります」

父は、私に、

「お役人などには、商売をしている人は、乱暴者にしか見えないのだね」

といったことがあるが、私もその意味が後でわかった。その時、四国からパルプ材をもってくる話をした。当時どこのパルプ会社も原木に困っていた。一週間ほどたつと、畠田から電話で、「ドイツトウヒの原木があるから買わないか」

巴川製紙に話をして、巴川製紙の大阪支店で三者がおちあうことになった。畠田さんは、札幌から大阪に飛行機できた。その頃は、昭和三十年頃だから、たいへんな人だと感心した。背がたかく、

高価に見えるオーバーを着て一寸もすきのない紳士だった。

一万石の契約をし、値段もおりあいがついた。私は、こんな大きな契約は、はじめてだから有頂天である。支払いは、勝浦か宇久井港で荷おろしの際、払うことがきまった。

一ケ月後、畠田から電報がきて、

『二十五ヒダイニフクヨシマルニ五センコクツンダ　ニヌシガ　フナツミノサイゲ　ンキントユーノデ　タスケテクレ」ホクタクオタルシテンアテソウキンタノム」ハタケダ』

私は、

『ソレハコマルサイショノジョウケンドオリタノム』

と交渉しても、どうしても困るというので、次の日、巴川へ交渉に出かけた。巴川製紙新宮工場山林部は、となりの新宮市佐野にある。バスに乗って行く途中、佐野の海が見える。木材を満載した機帆船が波をたてている。それを見てあることに気づいて、あわてて、家に帰った。

北海道大学の林学部に弟が在学している。夕方やっと弟をつかまえて電話をした。事情を話して、「すぐ小樽の港へ行って、第二福吉丸にドイツトウヒが五千石積んであるか調べてくれ、海運会社か、海運局かで調べればわかるから」

私が変な匂いがしたのは、五千石も積んだ船は、当時の宇久井港や勝浦港に接岸できないということである。もし沖で降ろして、艀（ハシケ）で運ぶなら、当然、それができるかどうか、交渉があるはずである。

「兄ちゃん、そんな船は、入ってもいないし、出てもいないよ。畠田の事務所、小さなところだけれど、昨日、姿を消してしまったらしい。どこかへ引越しすると、家主にいったそうです」

と弟から電話が翌日の朝かかってきた。

逃げ足の早さは、さすがだと思った。それから、まもなく、佐藤厚よりはがきがきて、

「畠田慶四郎は悪人なり、君の委任状と印鑑証明をもって、私の土地を横どりせり、一切、佐藤厚の名をかたっても相手にすべからず、注意を要す」

印鑑証明を畠田に渡した話を父にすると、私は叱られた。

「印鑑証明などというものを簡単に人にわたすものではない。よく調べてからでもおそくない」

野幌の工場を売却した時は、私は中学二年生で未成年だった。父が後見人で法律上の権利は、父が持っていたはずである。ただ土地は、その時売ったかどうかわからない。父にきいても、はっきりしないのである。その工場を売った金を父は別においてくれていたので、私はそれで田地と山を買って、戦後百姓を始めた。

4　八億円の欲ぼけになりそこねた

北海道の土地のことが気になったので、熊野で静養中の父に電話をした。

「野幌の土地を調べにゆきたい。気づいたことがあったら教えて欲しい」

父は不自由なからだで電話口に出て、

「野幌の土地は、今問題になっている四千坪の他に四千坪あるはずだから調べてみよ、昔、屯田兵の一戸分が四千坪で、二戸分を買ったからそれだけあるはずだ。今の時価にしたら十億円近い金だから、取りかえそうなどと思ったら、殺されるか、一生北海道から帰ってこられなくなるぞ、もとからなかったと思って行くんだぞ」

父は、お金にきびしい人で、ちょっとした買物でも二店以上値を調べて、安いところで買うように言った。私が東京へきた時、家内が次男の貞を生んだが、その時の費用で父から借りた金は、金利をつけて、分割返済をした。

「どんなことをしてもとり戻せ」

というのかと思っていた私にとって、意外なことばである。

野幌でいろいろな人や登記所、警察をたずね、だんだん様子がわかってきた。小樽の佐藤厚さんは、すでに亡くなっていて、昔そこで働いていた人にもあった。

沢村卯三郎が煉瓦工場をやっていた土地が四千坪、今吉田某という人が佐藤厚の長男から借りて土管工場を経営していた。

他の四千坪は、五百米位離れたところにあり、昔煉瓦に使う赤土を採取していた場所で今は河井某という人の所有になって、農業を経営している。このあたりは、札幌の住宅圏で野幌町は地下鉄の計画があって、値上げが見こまれている。畠田慶四郎は、私からもらった委任状と印鑑証明で煉瓦工場の土地を自分の名前で登録し、その土地を、野幌のある借用金庫に担保に入れて、お金を借りて逃げた。そこで佐藤厚は、借用金庫宛に所有権移転無効の訴えをおこして、自分の名儀に戻すことに成功した。そのいきさつについては、裁判所の記録が、保存期間をすぎても奇跡的に残っていて、コピーをもらうことができた。その裁判の時には、佐藤厚の弁護士が新宮裁判所まで出張してきて、そこで私を出頭させて、当時の証言記録も見せてくれた。ところがこの中には、土取場の土地については一切触れていない。河井某の話をきくと、どうも畠田の寵抜け詐欺に引っかかったようである。ある日、佐藤厚の代理人がたずねてきて「沢村経夫の委任状と印鑑証明をもらって来た。明日一杯で期限がきれるから、もしその土地が欲しいならお金を用意しなさい」ともともと沢村から借りていて、私の代理人の佐藤厚に土地代を払っていた河井は、大変な苦労をしてお金を作り、小樽の佐藤厚の家に行くと、門前に待っていた佐藤厚の代理人が今から江別の登記所へゆかないと時間が間にあわないからと、家にも入らせず、小樽から同道して江別へ汽車でゆき、代書屋であらかじめ作っていた書類で、登記をすませ、お金をちゃんと払ったから、土地は私のものです、と河井さんは主張する。その代理人は、からだが大きく背も高く、こんな人相かときくとまさしく畠田です。私は、借用金庫に担保に入れたいきさつを話して、「それは、寵抜け詐欺にあったのです。お金は、佐藤さんにも、私にも入っていないのですよ」

　河井さんの顔色が変った。

　沢村卯三郎から、私への相続の手続きがしていないのに、なぜ私からの譲《じょう》渡ができるのだろうか。もう一度、江別の登記所へ行った。北海道は、もう八月のおわりだというのに三時をすぎると、涼しい風がつむじを立てて、私のまわりを過ぎ去った。

　調べてみると、譲渡より二、三か月位前に三文判で相続の手続きがすませてある。印鑑証明なしにである。相続人が一人で他に利害関係人のない場合は、三文判で相続できる。私が母方の祖父に養子にいったのだから、まさに一人である。この相続の手続きを、私になりかわってした人こそ、仕掛人である。知りあいを通じて、札幌市の元判事の弁護士の白井先生におねがいして、河井さんに対する所有権移転の無効の訴えを札幌地裁におこした。費用は実費だけ私が負担する。もし敗訴した場合は、謝礼は零とする。勝訴した場合は、通常の謝礼の二倍をすると、きめた。これは土地四千坪だから、札幌からの地下鉄がつくと、坪二十万円としても八億円である。その訴訟の書類などを銀行に見せたりしたが、その頃の私の会社は実際は火の車だった。

　最高裁までいったが、結局敗訴した。判決では、「土地の買却の事実はない。しかし権利を守るためのしかるべき手を打っていなかったから所有権の主張はできない』ということになった。私は、入ったら会社の今日の隆盛もないのじゃないかと思った。この金が入ると、人間を狂わせてしまう。私は北海道へ行く時に父に言われたことばをかみしめた。労せずして多額の金が入ったんたとこの判決を受けとめた。河井さんは、ほっとしたことだろう。

5 書き変えられた始末書

大阪出張所から、毎日、日報が送られてくる。その日報に、近くの料亭で四人で昼食をした領収書が添付してあり、招待した相手先の社名が添え書きしてある。ふと妙な予感がした。大阪へ電話をして経理の女性に、その会社と取引きがあるかときくとないと言う返事である。

前夜、シアスローバックの経理部長の巽良吉さんと一緒に一杯呑んだ時に、

「二、三日前に新幹線の東京駅から君の会社の鶴田（仮名）君が、誰かと乗ったのを見かけましたよ」のことばが引っかかったのである。出勤簿を見ると、鶴田は当日休んでいる。経理の高橋君子さんに、会社の誰にもいわず、五万円を用意させ、翌日、会社へは風邪をひいたから休むと連絡して大阪へ直行した。

会社の近くで社員の一人をよび出し、

「鶴田君が来ていなかったか」

「会社へは姿をあらわしませんでしたが、相田さんと丸田金属（仮名）へ行ったようです」

私に会ったことは厳重に口どめをした。丸田金属へ行くと、課長の杉谷（仮名）さんがあらわれて、

「二、三日前に、わざわざ東京から鶴田君と冬田商事の社長に来ていただき、C—4のサンプルをいただき、価格もやすく新栄もきっとよろこぶでしょう」

べらべらしゃべってしまい、後で、つまらぬことをしゃべったなあという表情だが、出したものは、もどらない。詳しく話をきいてみると、この陰謀の全貌が白日の如くわかった。

その足で、日本アルミット大阪出張所へ入ると、相田さんは、おやという顔をしている。話があるからと近くの喫茶店によび出した。

「二、三日前鶴田君が大阪へ来ていたそうだね」

「個人的に来ていたかどうかしらないが、僕は全くあっていません」

「冬田商事（仮名）に安いアルミットを作らせて、相田さんと鶴田君とが丸田金属を通じて、新栄へ売りこもうとしたね」

「とんでもない、あなたは猜《さい》疑深い人だ、人をおとし入れることばかりする。絶対にそんなことをしていない。神にちかってもよい」

と顔色をかえて、喰ってかかります。私は確証をにぎっているから、あわてない。

「そんなことをいってよいのかね。今、丸田金属へ行って、冬田商事の社長と、鶴田とあなたがすわった場所から内容も全部きいたよ、今さらじたばたは許されないよね。あなたは現職の出張所長で取締役だから、鶴田君のようにただの平の課長とはわけがちがう。明日、太地の社長のところへ行って、責任をとってもらうから」

一言の抗議の余地もない。次の日、天王寺駅へ行くと、いくら待っても来ない。自宅へ電話をすると、「腹痛で行けない。直ったら必ず同行する」

にせ病なのは、まちがいないが、仕方がない。何時までも大阪にいるわけにゆかないので東京へ帰った。次の日、電話をすると、今、太地の社長のところへ行っている。次の日、相田より電話がかかってきて、「社長が、私の立場を理解してくれて、かえって御苦労とおっしゃいましたよ」

「企業に属する人が、社外の人に同じ製品を作らせて、取引先に売るなどは許されない。そんなことが黙認されるなら、会社は崩壊してしまう」と私は信じている。新宮商行社長で、私の会社の非常勤取締役の坂口栄之助さんにあい、事情を話して、「もし父が私の考えを支持しない時は、私を支持して下さい」と支持をとりつけて、太地の滝川をたずねた。

「新栄より値下げの要求があったにかかわらず私が応じないので、冬田商事で安いのを作らせて、会社の危機を救おうと思ったので沢村君は、誤解している」と父を説得しているので、私は巧言におどろくばかりである。

「会社を抜いて、自分たちが個人的にもうけようとしたのは確とした証拠があるから、許されない」

父はやっと理解してくれ、「本人たちに、始末書を書かせて、持ってこさせるように」

東京へ、相田をよびよせ、鶴田との二人に始末書をかかせた。こんな話をしたら、誰でも、すぐやめさせたらと思うだろう。赤字会社で綱わたりをしていた頃には、やめさせることができないのである。よい人は入ってこないから、不満な人でも使わざるを得ない。私は二人を太地の社長のところへ行かせた。私がついてゆくべきだったのだ。赤字会社では、そんな大事な時に、ついて行く費用すらもったいなかった。

夜行で、太地へ行った二人は、勝浦へ着くと、蛋へ行って、昼頃までかかって、始末書を自分たちの都合のよいように書きかえ、まんまと、私と社長をだましていた。父の死後、書類を整理していると、その始末書が出てきたのでわかった。

6　苦しい時ほど強くなる

深夜の一時頃、電話が鳴った。出ると、松本輝政君である。

「専務、大変ですよ。相田さんが、やめた鶴田とつるんで悪いことをしている確証をにぎったのです。エスカイアに行くと、鶴田が呑んでいて、僕のいることを気にして、帰れというので、ここは君の店でないから、何で帰る必要があるかと、いざこざになったのです。

今、夜中にふと眼をさますと、枕もとに手帖が二冊あるのです。開いて見ると、一冊が何と鶴田の手帖です。エスカイアで鶴田が落した手帖を、自分のものとまちがえて持ち帰ったのかも知れません。ともかく大変なことが書いてあります。明日、お見せします」

前日の三時頃、私は渋谷の社会保険事務所の帰りに、渋谷駅の忠犬ハチ公の近くの公衆電話から、本社へ電話をしていると、五つほど離れた電話の話がきこえる。

「アイダさんから電話があったら、エスカイアで待っていると伝えてくれ」

おや、どこかできいた声だ、半年位前に退職した鶴田修の声である。

明日、午前中に、新宮商行の東京支社の応接間で、日本アルミットの取締役会がある。

最近、アルミットの偽物の情報がある。鶴田が流しているらしい。どうも製品の種類から見て、線引きの外註に出しているものらしい。その外註の窓口が相田だったので、相田にその調査方を極秘裡に頼んでいた。その調査を引受けた人が、その容疑者と会う馬鹿な話があるだろうか。

社に帰ると、松本に電話の話をして、

「君は、今夜エスカイアに行くだろうが、そんな無理をしろといっているのじゃないよ」

その夕方、大阪から東京本社へ来た相田は、夕方、弟に会う約束があるというのを、引きとめ、時計ばかり見ているのを、十一時まで、一杯呑ませた。

翌日、取締役会がひらかれた。

相田は、

「退職した鶴田修に退職金を払わないのは、沢村専務の怠慢である。払おうという誠意がない」

「誠意ではない。会社の現状を一番あなたが知っているはずだ。社員なれば、どんな無理をしても払いますが、現在の会社の苦況は、鶴田君も取締役だったから、責任の一端もある。会社によって、赤字を理由に、役員に退職金を出さないことも珍しくありません。

ある情報によると、鶴田君が在職中、背任行為をしていた疑いがあります。相田取締役に調査を依頼しているので、それが完了してから退職金を決めるのがあたり前と思います」

「沢村さんから、その件について頼まれましたが、現地に赴き工場長をはじめ担当者にきいても、そんな事実はなく、沢村君一流のデッチ上げでないでしょうか」

「相田さんが、最近鶴田と連絡をとったり会ったりしている情報があります。ないとおっしゃるならそれもよいでしょう。

実は今、公表できませんが、鶴田君およびそれにつらなる人の背任行為を示す確証が上りました。調査中なので、全貌がはっきりすれば、退職金などというのは、泥棒に追い銭になるでしょう」

取締役会がおわって、代々木の事務所へ帰ると、松本が紫色の手帖をもって待っていた。

鶴田はメモ魔である。横流しの数量、金額、送り先が克明にメモされている。在職中も退職後も、私より横流しの調査依頼を含めた社内の情報がすべて、相田から鶴田に流れていた。何月何日何時、誰より電話及内容が列記されている。

二年ほど前のあるときのことを思い出した。鶴田の母親の葬儀に、私は、東京から、相田は大阪から熊野へたずねた。鶴田君の奥さんと、子供が相田にあって、初対面の挨拶をした時に、中学生の娘が、

「この人、何日《いっ》も電話をかけてくる人、面白いことばかり言って」

相田と鶴田の顔がさっと変ったのに、おかしいと思った。なぜなら相田にしても、私の自宅に電話などかかってくることは、ほとんどなかったからだ。その時のことを思い出した。

手帖を坂口取締役に見せると、おどろいて

「太地の社長に見せるように」

父に、手帖を示すと、わなわなと手をふるわして、

「手帳の中身の裏づけをとるまで、休職を命ずるがよい」

しばらく絶句してから、

「人は誰を信じたらよいのだろうか」

鶴田は、私の郷里の小学校の一級上の友達であった。電気技師であったので、私が東京へ連れて

きたのである。人間がよく、人を裏切るような男でなかった。私は、その人間に惚れたのである。ただ酒にルーズであった。それが彼を田舎におれなくさせた事情もあった。

ある時、文化団体で映画をすることになり、校庭には茣蓙をひいて村民が満員であるが映画が始まらない。きくと、映写機迄の配線工事をする鶴田が来ていない。呼びにゆかせると、泥酔してゆけないと言う。私は、かけつけて、頭から水をぶっかけて、よろめく彼を、ひっぱって来て映画会をはじめさせたことがあった。

会社の創立いらい、営業に苦労してきたが、ある時、会社をやめると言い出した。その前に取引先の冬田商事と相田と組んで類似品を作って得意先に売ろうとして発覚して、始末書をとられたことがあった。その時、相田は取締役大阪出張所所長で、鶴田は本社の営業課長であった。

鶴田が太地の滝川社長をたずねた時に、父は、どんな意味か、不用意にも、私をやめさせるといったらしい。鶴田は、会社の内容を一番知っていたから、私がやめさせられれば、積木のように、会社は瓦解すると思った。そこで撤退作戦がはじまった。

別会社を作る計画が、ひそかに進められた。その財政的基盤をあらかじめ作ろうとしたのが、横流し事件の始末書の顛末である。

会社は不況の時は、悪いことをしたものでも切れないものである。退職を願い出た鶴田を、父の社長のもとに行かせた。父は会社の弱体をおそれて、慰留した。一年後、また退職を願い出た。社長に会うために太地へ発った時、父の社長に電話をした。

「三か月のうち正味一か月も二日酔で休むものを慰留しないで欲しい。退職の受理は私に一任しているからと言って下さい」

この頃は、内憂外患で一番苦しい時であった。

7 重役陣は一枚岩でなければならぬ

昭和五十六年五月二十六日新宮中学校の恩師若林芳樹先生を、歌舞伎町の料亭、光林坊に案内した。興も湧いてきた頃、仲居のひろ子さんが、

「ちょっと、会社からお電話」

とささやいた。

「今太地から電話があって、五時四十分に社長がなくなられたそうです」

「私は、すぐ夜行で太地へ行くから桜ケ丘の家へ連絡してくれ、後の事は、丸山君にたのんであるから心配ない」

と指図した。ひろ子さんを呼んで、八時半にここから東京駅へハイヤーを手配してもらった。

「私が『ちょっと』と席をはずしたら、先生のお相手をして下さい。おそくなって、私が帰らない

と不審に思われるから、『やむを得ない用事ができたので、ごゆっくりして下さい』との沢村の伝言だと伝えて、お帰りはハイヤーでお送りして下さい」

朝、太地へ着くと、入院していた父は、坂野病院から水之浦の自宅へ運ばれていた。

私は父のとざされた両眼を、しばらく視つめていた。不思議と涙がこぼれなかった。私は、父と私のどろどろした葛藤が二度とこないことを知った。父は愛情が深く、私達兄弟を平等に愛してくれた。また反面きびしく、理性的な父を、狂気にかりたてたものは何かと、思いめぐらせた。

二十年にわたる太地での父の静養生活は、昭和五十五年十二月七日の再発作により、意識不明となり、坂野病院へ入院した。死に至る六か月間、父は死線をさまよいながら、時々、正気に戻ったり、また夢のような状態があったりをくりかえした。

正気に戻った時、私は父に、

「相田重役が東京からお見舞いにきたいと言ってますが」

「顔も見たくもない」

吐きすてるように言って、しばらく目を閉じていたが、

「ぼくはいい、ぼくは頭をやられていたから、あいつに瞞された。正気のおまえたちまで瞞されるとは」

無念そうに歯ぎしりをかんだ。

「お父さん心配しないで下さい。僕だって新宮商行の坂口社長だって、決して瞞されておりません。父さんが相田重役を東京本社の経理部長に赴任させると決めた後の役員会の時に、坂口取締役は、『滝川社長が相田重役を東京へ赴任させる意見には賛成だ。だから東京へ来るために、大阪出張所長は解任しましょう。東京へ釆たら、年も年だし、この際常勤をやめてもらって、非常勤重役になってもらいましょう』となったのですから、ちゃんと坂口社長は人を見ています。それに私は、父上のすることを終始反対したのですから」

父は、きびしい顔を崩して、やさしい顔に戻った。

「経営の神様と言われたある経営者が、晩年、まわりにイエスマンばかりが集ったために、自分の会社が左前になるまで知らなかった。社長が知った時は、再建するための時機を失したと嘆いた」

この話を、その社長の女性秘書にきいたことがある。

父は年おいていたが、しっかりしていた、その父でさえも、晩年、巧言令色に瞞された。私と父が意見が齟齬《そご》して、争いになって、親子が一枚岩でないと知った時、その仲をつくろう態度を見せながら、父と私を離反すべく、直接または手紙であらゆる術策を弄《ろう》した。まさにならんとする時、炯眼の坂口重役に失脚させられた。

「人の穴を掘るものはその穴におちる」

故・滝川貞蔵

父の遺品を整理すると様々な手紙が出てきた。相田重役の手紙を読む時、私は手がふるえ、涙がこぼれた。父は、どんなに悩んだろう。わが息子さえ切ろうと決意した時の苦しみが胸を打った。

「経夫さんが銀行借入れの保証の判を押してくれときた時、社長が印を押さなかったのは見事でした。そうあるべきです。そうしなければ、会社経営のきびしさなどわからないのです」

私が夏季手当の金策のために、三和銀行のＯＫをとり、社長個人の保証印をとりに太地へ行ったが父は印を押してくれぬ。その時、口ぞえに同行した相田重役は、私が土下座して、泣かんばかりに父に嘆願しても、きいてくれぬ。そのわきで、声涙ともにくだる口ぞえしてくれた相田重役の手紙である。

著者の実父＝故・滝川貞蔵の墓前の句碑。（故人の遺稿を刻んで句碑にした）

ロスアンゼルスに出張した時、父が子供の時から親子同様に育てて、ロスでナーサリー（園芸育苗）をやって成功している大沢寛さんに、ロスの観光８ミリフィルムを父のみやげにといただいた。父

に見せたフィルムを、社員に見せた時のことを、父に報告して、

「会社が赤字の時に、このようなカラーフィルムを、買ってきて、社員に見せる姿に、私は涙がこぼれました」

さも、ブルーフィルムを買ってきたように、あることないことを逐次報告した。

そのコピーを社長に送った手紙ですからと坂口、川田の両重役、京屋監査役に送り、他の現業役員には送らないで、

「わがことなれり」

と思っていた。取締役会すらも、議事録がとどくのがおそいから、第一報をおくりますと、取締役会を自分の都合のよい議事録にして、送っていた。長い時間をかけて、主張したのは、

「沢村に会社をまかせると、会社を潰す。それを救うのは、東京に複数の代表者をおくべきだ」

人の上に立つ人は、人を見る。それが自分の墓穴を掘っていた。

相田重役が非常勤になり、私を中心とした社内態勢ができ上り、大阪出張所に若い宮之前君が就任した頃から、はじめて、会社の売り上げが増えはじめた。その頃KR―19の普及も軌道に乗り出した。

会社の成績をあげることで、沢村態勢の信用が回復しはじめた。父も相田重役を信用したことの過ちがわかった。

和歌山県東牟婁郡太地町妙心寺で昭和五十六年五月二十九日社葬がおこなわれた。

父は、終生愛した郷里の地で、親しい人達に看とられて、その一生を終えた。病床で読んだ最後の句は、

「朝寒や、あしたくる人、みなまるし」

遺言に墓碑のかわりに句碑をたてて欲しいと一句を指定した。一年忌に遺稿集「熊野太地の伝承」を発行し、生前おつきあいのあった六百人の人にお送りした。菩提寺の墓地に句碑を立てた。

花ふぶき　しげき方へと　歩を移す

如人

＊私は、父のところへ送られていた手紙をファイルして会社の金庫に納めている。会社がよくなるためには、重役が一致団結することを示す、反面教師であり、会社の宝である。

8　社長就任とハプニング

窓から那智の稚が正面に見える。耳をすますと、とうとうと水のおちる音がきこえる。

親友といっても二つほど先輩の田代均氏の自宅である。那智郵便局長の父の跡をついだ、田代氏が部屋に入ってきた。離れの広い部屋には、蔵書が並び、広い窓の借景は那智の滝という豪華さである。私は沈鬱《ちんうつ》な顔をしてすわっていた。

どんな逆境にも負けないいつもりの私も、つくづく嫌になった。どこに、自分の会社の運転資金の個人保証の判を押さない社長があるだろうか。二日間。どんなに頼んだり、あやまったり、理詰めで話をしても、どうしても押してくれない。私は明日からの金ぐりを思うと暗澹《たん》とした気持ちになった。勝浦から特急に乗った私は、次の那智駅へふらりと下りてしまった。疲労《ろう》が急にこみ上げてきた。

自然と足が田代さんのところに向った。去年まで田代さんは東京にいて、三菱重工のグラビヤの編集印刷を引受けていたジャーナリストである。三芽書店という出版屋を経営して良心的な出版をやっていて、破産した。その借金を戻さないうちは嫁をもらわぬと誓いを立てた。最近、その借金のほとんどを返済した。ご両親が、均も嫁をもらってくれといいはじめた頃、急にお父さんの特定郵便局を譲《ゆず》る話が出て、呼び戻され郵便局長になった。

私が話すことを、口をはさまず最後まで田代さんはきいてくれた。少し私は気が軽くなった。

「沢村君、うすうす感じていたけど、それほど深刻だとは知らなかった。私も会社を潰したり、いろいろな思いをしたが、骨肉の争いほど嫌なものはないね。異常だね、きっと裏になにかがあるはずだ。僕だって滝川さんをよく知っている。ちょっと信じられないね。沢村君、人間は、苦労すればするほど大きくなる。苦しみを味わえば味わうほど人間が大きくなる。君は、貴重な経験をしているんだよ」

田代さんはそう言って、にこっと笑った。私もそれにつられて笑った。すると、不思議なことに、私の心の中にあった靄《もや》がすうっと消えて心が軽くなった。私は明るい気持で、那智山を下りた。

「たかだか金ぐりのことじゃないか、創立の時の七年間の赤字にくらべれば、それにあの時には、将来よくなる保証がなかった。ホイットマンが詩集「草の葉」でうたった「敗戦の将軍ほど偉大なものはない、絶望の中で、最後まで義務をつくす」

今は敗戦の将軍じゃない。ＫＲ―19がある。静かながら確実な足どりをつづけている。進軍ラッパはもう高鳴っているのだ。

天網恢恢疎にして洩らさず

のたとえのように、父を動かしていた黒幕が、あまりにも偶然な、渋谷駅前の公衆電話での立話から、露見して破滅してしまった。私と父と、また昔のあたたかい関係が戻った。それは、あまりに遅かった。一年後に父に死が待っていた。

「お前も代表権をもつように」

再度の発作をおこす三か月前、父が言い出した。

「僕が印を押さなくても、お前の印だけで会社が経営される」

昭和五十五年、取締役会の承認を得て、代表取締役に就任した。翌年の初夏、父が死んだ時、銀行関係の移譲はスムーズにおこなわれた。

父の葬儀などの後片づけがおわると、昭和五十六年十二月一日取締役会がひらかれた。

相田取締役が、

「沢村さんを社長に選任するのが順当だと思いますが」

異議なく可決された。ついで坂口取締役から、私に、

「社長から、ひとこと述べてもらいたい」

「この機会に一言申し述べたい。私の悪いところがありましたら、どうか取締役会かまた私に直接、言っていただきたい。私はきく耳をもっているつもりです。悪いところはあらためますし、理由があれば釈明をします。

また本当に悪いことをして、責任をとれとおっしゃるなら、私は社長を何時でもやめましょう。会社がよくなるのは、役員が一致団結しなければいけません。私の知らぬまに、他に情報を流したりすることだけは、つつしんでいただきたい」

相田取締役は、大きな目をぎょろりとして、

「それは、私のことをいうのですか」

「あなたが、そうおっしゃるなら、あなたのことでしょう」

「私は、だいたい君のすることは、気に入らぬ。徹頭徹尾ワンマンだ」

坂口取締役、

「君は、沢村君のすることに反対なのか」

「そうです。ごもっともです、坂口さんのおっしゃるとおりです」

坂口取締役はことばをあらためて、

「今日は新社長のもとに、全重役が表団結しようという大切な時に、社長のやり方が気に喰わぬという役員がいる。それは君の本心か、そうか、そうなら、君は男だ。男なら気に喰わぬ社長のもとで重役をする必要がないはずだ。男がそこまで言うなら、いさぎよく辞表を出しなさい」

席が静かになった。頭をうだれていた相田重役は、頭を上げて、みんなのきびしい視線に意を決するように、

「やめさせて頂きます」

私は議長として、

「只今ご承知のように、辞任の申し出がありました。受理について、ご異議はありませんか。異議がございませんので、相田重役の辞任は成立したものと認めます」

9 「熊野の謎と伝説」を出版して

昭和五十六年八月二十九日、東京都丸の内の東京会館で、私の著書「熊野の謎と伝説」の出版記念会が開かれた。

この本は、アグネ社発行の月刊誌「金属」に連載した「熊野三山とたたら伝説」を、工作舎の米沢敬さんが読んで興味をもち、図書館でバックナンバーを揃えて目を通した。面白いから一冊の単行本に、まとめてくれないかと頼まれて、できた本である。

この内容の多くは、溶接新聞に百二十回連載した、歴史と民俗伝承の随筆「冬扇夏炉」から多くとっている。冬の扇と夏の炉（火鉢）であるから、どちらも無用の物という意味で、中国の書物に出てくる有名な言葉である。

私の書く文章は、無用なおしゃべりですと、いささか自嘲の意味をこめて、題にした。

私は、熊野に生まれ、旧制中学を卒業してから、十年百姓をして、山野に暮した。その間、日本民俗学会の橋浦泰雄先生のお伴をして、熊野のあちこちを民俗採訪にまわり、民俗学とはなにかを教えていただいた。

民俗学は、庶民の生活の中に残っている伝承を、考古学のように丹念に集めて、日本民族の死生観、共同生活の仕組などのもろもろを探索する学問で、きわめて科学的である。新しい調査によって、絶えず定説をくつがえすのも柳田民俗学の姿勢である。

熊野の歴史は、今までの皇国史観によって、古い文献主義でえがかれている。それをもう一度、めちゃくちゃに潰して、現代の新しい科学の目、歴史の目、考古学の目で、そして自分の目と足で組み立ててみようとこころみたのが、

「熊野の謎と伝説」である。

そんな、おおそれたことを考えはじめたのは、金属という社会経済で、大事な役割をはたすものが、原始社会であればあるほど、重要な役目を果しているはずだと思った。

奈良市本子守町の率川（イサカワ）神社は、神武天皇の皇后を祀った神社であるが、その皇后は、原始社会の金属精錬にしたがった、タタラ部族の出身を示めす媛蹈鞴五十鈴命（ヒメタタライスズヒメノミコト）の名でわかる。

私は、今少くとも、金属にかかわる仕事をしているから、金属から見た熊野の歴史を書いてみた。それが不思議と、神と仏との関係になるのですね。

私は、アルミハンダもＫＲ—19も百姓も、「熊野の謎と伝説」を書くことも、すべて、同じこと、定説を疑って、自分の頭と眼と足で考えることだと思っている。

この出版記念会は、田代均さんが世話人になって、渡辺朔郎さん、榎本貢さん、藤井忠英さんが

面倒を見てくれた。

私の知人、友人、三百人に招待状を送り、百三十人に出席していただいた。仕事の関係の招待は十人ほどである。遠く新宮市から、木田泰夫（元新宮市立図書館長）亀井呟さん（和歌山県会議員）堰本功さん（和歌山市会議員）が来て下さった。

日本のロダンといわれる彫刻家の峰孝先生、この間、箱根の彫刻の森に、蜂先生の「シャツを脱ぐ少女」の像があった。同郷の作家の亀井宏、新宮正春の両先生、井伏鱒二の随筆「海揚り」に登場する作家で、私の文章の先生である古川洋三さん。わざわざ米子から、予定を変更してかけつけて下さった映画評論家の北川鉄夫先生、前東芝社長玉置敬三氏の兄上の玉置亮作さん。家内の昭代の俳句の先生の三ヶ尻湘風先生、東京外語の小野協一教授など沢山の方がご出席された。

司会は田代均さんで、発起人代表の挨拶は明治大学の川口寅之輔教授、乾杯は、日本電子材料技術協会々長青木昌治東大教授で、多くの方から励ましやお祝いの言葉をいただいた。

私は、出席の方々に花束をいただいたので
「私ごとで、恐縮ですが、この席で、いただいた花束を、家内の昭代に渡して、私の感謝の気持ちをあらわしたいと思います。昭和三十一年上京いらい、苦しい中を私を支えてくれましたが、一度もありがとうといったことがありません。よろしいでしょうか」

拍手の同意を得て、家内に花束をわたした。私は昭和三十一年上京いらい、郷里へ妻子を残して

「熊野の謎と伝説」出版記念会で挨拶する著者（左方に立っている女性は著者の妻昭代）

一年帰らなかった。その間、一度も給料を送らなかった。いや、送れなかったのである。一年目、やっと妻子を呼び寄せた。家内に、「あの花束を渡すために、出版記念会をひらいたのだよ」

昭代は、昭和五十五年、自宅で脳溢血で倒れ、七か月入院し、未だに左手が不自由である。

私は、

「千葉県のある読者から、お手紙をいただきました。本の中に出てくるアイヌ人のヒゲベラは、日本人がヒゲベラと名付けたので、鬚をもちあげるへラだと思っている。私が北海道を旅行した時、山中で道に迷い、一人のアイヌ

の老人に助けられた。その時、一緒に野宿した。私は感謝の意味をこめて、手持ちのお酒をさし出した。老人は、酒をみたした碗の上に「ヒゲベラ」をよこたえ、神に祈り、ヒゲベラの先を酒につけて、焚火の炎の上に、酒の雫をたらして、一滴を神に捧げた。ヒゲベラは神に捧げる神聖な道具だったのです。

このように、この本を読んでいただいて、私のまちがいを見つけることができれば、うれしいと存じます。どうか、ご指摘御指導をたまわりたい。

本日は、この集まりにご出席できなかったが、ご支援いただいた方、お忙しい中にご出席いただいた方。また舞台裏で、支えて下さった方々に厚く御礼申し上げます」

と言ったような話をした。

工作舎から出版されたこの本は、現在四版まで出ています。キオスクでもとりあげて、熊野の駅々で売ってくれた。

和歌山市のある主婦から、はがきで、

「熊野の人が、いかに熊野を知らなかったか、思い知らされました。また別の目で、熊野を見ながら旅をしたいと思います」

10　マルチコワ社とフィリップス社に売り込む

昭和五十九年五月一日、アラップインタナショナル社長の下村浩さんと、ロンドン郊外のマルチコワ・ソルダー社を訪れた。

満開の桜の見える社長室で青年社長のゴードン・アービップ氏がにこやかに待っていてくれた。

一月二十三日、東京晴海でひらかれたインターネプコンショウのアルミットコーナーに来社した技術部長のワレース・ルビン氏も同席した。

「アルミットKR―19RMAは、すばらしい。卒直にいって、私の社の製品よりもすぐれている。貴方の会社のフラックスを購入して、私の会社でKR―19を作らせて欲しい。英国、オランダ、ドイツ、フランス、イタリーを市場にさせてもらいたい」

年商四十億円、世界でもっともすぐれたハンダメーカーとして自負している名門マルチコワ・ソルダー社の社長は、下村社長の通訳で、淡々として語った。

「大切な問題なので、即答できぬ、帰って他の役員とも相談してご返事しましょう」

どことなくチャールズ王子に似ているゴードン社長は、まだ四十歳前と私は見たが、

「今年の十一月にマルチコワ社と松下貿易との間に結んだ代理店契約が切れます。もしあなたの会

社が、この代理店の契約を引きつぐ用意があれば、私はうれしい。もちろん、あなたの会社の製品と競合しないものだけ売って欲しい。それに私は大変なまちがいをした。それは、松下貿易と契約したことです。だからライバル会社の日立や東芝に売れるはずがない」

私は即座に、

「それはちがう。もしゴードン社長のおっしゃることが事実とすれば、松下関連が売れる筈です。ほとんど松下では、マルチコワ社の製品は入っていない。KR―19は、松下に沢山入っていますよ」

「なるほど、あなたの意見はもっともである。わが社の製品が日本で売れないのは、どんな理由と、あなたは考えるのか」

下村社長は通訳しながら、このやりとりに興味をもって、目もとがわらっている。

「理由はカンタンである。人まかせにしているからである。市場を開拓するには、大変なエネルギーを必要とする。一番大切な時に、代理店は、人と金と時間を投入してくれない。だから、市場開拓は、人まかせにせず、自分がやらねばならない。私たちは、KR―19をアメリカに売るには、代理店にまかせず社員をアメリカに派遣し、三か年、通算三十六か月営業活動をした。費用にして約五千万円費っている。売れてくると、代理店は、たのまなくても、人員を投入してくれる。アメリカでは、NASA関連、航空機関連、エレクトロニクス関連の売り込みに成功しました。エレクトロニクス売上げ上位五十社のうち、二十八社に採用されています。もし私達がヨーロッパに進出するならば、ゴードン社長と手を結ぶ場合も、ライバルとなる場合も、必ず私達が出てきて営業活動をやるつもりです」

「すばらしい。私どもは、アルミットについて、もう一つ感心しているのは、性能のよいことと、高価格で売っていることである。世界で一番高い価格でわれわれは売ってきた。それより高い価格でアルミットを売っているのには、感心した。高い価格で売れる製品を作っているという点では、アルミットと、マルチコワは完全に意見が一致する。ライバルでなくフレンドとして、こんどおあいすることをたのしみにしている」

翌日、私と下村社長は、ロンドン空港を後に、ドーヴァ海峡をこえて、ハンブルグ空港着、汽車で、フィリップス社に向かった。ヨーロッパで二番目の綜合電気メーカーである。年商三兆二千億円、従業員三十五万人。

飛行機がおくれ、フィリップス社に入るのが一時間おくれた。

購売担当のG・A・エルビヒ氏と技術担当のJ・J・C・リグニー氏が、食事をせずに待っていてくれて、すぐに来賓用レストランに案内してくれた。卓上に日の丸の旗が立てられ、盛装したボーイが三種類の酒をすすめるディナー形式の昼食であった。

リグニー氏は、

「種々のテストの結果、ＫＲ―19の優秀性を認めました。全工場にデータをそえて、ハンダづけに困っているところには、このハンダを使うように指示しておきました」

私は口に出さず心の中で思った。

「これは悪くない。最初の関門は突破した。このことが直ぐ注文につながるなどという甘い考えはやめよう。むしろ、これから本当のヨーロッパ上陸がはじまるのだ」

購買のエルビヒ氏にきくと、フィリップス社のハンダの使用量の九〇％は、マルチコワ社である。

「ＫＲ―19の情報は、当然マルチコワ社の耳に入っていると考えるべきであろう。欧州戦略は、マルチコワと手を結ぶか、ライバルとするかによって、基本的戦略がちがう。その得失をじっくり検討せねばならぬ」

様々な課題をかかえて、六月五日、成田空港に着陸した。出発の時の肌寒い風も、春のあたたかな風にかわって、収獲の多かった旅を、一層心ゆたかなものにしていた。

帰国するなり、二つの決定をした。それは現在進行中の、ハンダづけ関連用語の対訳集（英独佛露）、いわゆる辞書の完成をいそがせる。今後ヨーロッパで通訳をやとったり商社と交渉の場合、絶対必要と考えたからだ。八月に発行予定のアルミットニュース10号の発行にひきつづき、英文版のアメリカ、ヨーロッパ向けのニュースの発行を具体的にすすめることが急務と考えた。

※現在マルチコワ社との提携の話が進められている。「マルチコワ―ＫＲ―19」のネーミングにつ

いて、同意が成立した。バカンスの季節がおわる頃、具体的な動きが出てくるだろう。

11　白ワインも冷えていますよ

週刊文春の昭和五十九年六月十四日号の上前淳一郎さんの「読むクスリ」の中で私のことに触れた記事の中で、私の事務所のドアを開けると、一番入口に近い正面に社長がすわっている。「社長が受付けかガードマンみたいですね」というとわが意を得たりと、社長は、「誰にあわせればよいかということを一番知っているからです」

実は、この発想は、私の独創ではないのである。昭和五十五年六月のある日、ロスアンゼルス市のカリフォルニア・ファスト銀行をたずねた。日系銀行で支店長は橘高武雄さんである。玄関から入ると、フロアの入口から一番近いところの大きな机が支店長の机である。にこやかにその前の立派な椅子にすわらせて、

「ティー？　カフィ？」

ときいて、金髪の女性秘書にお茶をもってこさせた。ファスト銀行は、タネトロン社の主力銀行であるから、仕事の内容、日本での普及状況を説明し、タネトロン社への支援をお願いした。おわって握手をすると、

「予約がなければ、今日昼食を一諸にしないか」

銀行の中を見ると、フロアの左手の入口側から支店長、次長とえらい順に奥にむかって机がならび、支店長が来客に一番先に会い用件をきいてから、担当の銀行員にまわすのである。銀行員には一人づつ女性秘書がついている。右側にスタンドがあり、そこは、お金の出し入れをするキャッシュコーナになっている。すべてカードが普及しているアメリカでは、日本のような銀行の来客の雑踏はなく実に静かである。また町々に小さな銀行の出張所がある。田舎の郵便局をもっと小さくしたようなのがある。

昼、近くのレストランでビールを飲みながら食事。誰が勘定を払うかと見ていると、わが代理店のタネトロン社の社長もそしらぬ顔。これは私が払わねばならぬかと思っていると、橘高支店長がお金を払ってくれた。

夕方、また奇蹟がおこった。支店長から

「今晩おひまなら、夕食はどうか」

と電話がかかってきた。

リトル東京のレストラン東京会館で、本格的なディナーである。ワイン、ウイスキー、ビール、日本酒までならび、やわらかなアメリカ牛のビフテキから、大皿に盛られたアメリカのホワイトツナ（白マグロ、別名シーチキンという）の刺身、その他アラカルトの豪華な食事。それですむかと思うと、近くの日本風のナイトクラブに案内してくれた。

「私は、まだ一度も、あなたの銀行と取引がないのに、こんなにご馳走になって、不思議です。日本では銀行は企業側から招待するものと思っています。一体なぜなのでしょうか」

「いやいや気にしないで下さい。あなたの会社は失礼ですが、小さな会社と思います。その会社の人がアメリカに来て、ヒユーレットパッカードとか、ヒューズエアクラフトのような超一流の企業に売りこんでいるのにびっくりしたのです。アメリカでも企業をやろうとする人は、みんなこんな会社に売りこもうと思って門前にむらがっています。

私は、ソニーがアメリカに売りこみに来て、世界の一流企業になったように、今日、お昼の食事の時に、あなたのお話をおききしていて、あなたの会社は、きっと大きくなると確信したのです。もしアメリカに現地法人を作ると、沢山の銀行がかけつけるでしょう。その時は、私があなたの会社の将来性にすでに目をつけていたことを思い出して、他の銀行より少しハンディをつけて下さい。私はあなたのためでなく、自分の銀行のために、ご馳走しているので、実に安い投資ですよ」

支店長は笑みを浮べて、

「白ワインも冷えていますよ」

私のグラスにワインを注いだ。

七月三日、ロスアンゼルスから国際電話がかかってきた。出ると、なつかしい橘高さんの声である。

「六月二十一日の日経産業新聞の記事に、あなたが九月にロスアンゼルスに来るとありましたので お電話したのです。その時は、ぜひおあいしたい。ワインもよく冷しておきますよ」

私は最近のアルミットKR—19の資料を送ることを約して電話を切った。

12　売り上げ倍増のプランを立てよう

もう三十年も昔、ある学会の席上で
「アルミニウム用ハンダの話をきこう」

当時、明治大学の川口寅之輔教授（現日本アルミット研究所々長）が提案した。

「アルミなんかハンダ付けできない」

と反対した人があった。

「理論よりも事実が先行する。アルミハンダはすでに実用化されているのだよ」

と先生が発言されたことを後日おききした。新しいものを作ることは、先ずそういう頭の中にある先入感をやぶることからはじまる。

ソウル市に出張した時、韓国の家の障子の桟《さん》が家の外側にあることに気づいた。日本では部屋の内側にある。鎌倉へ遊んだ時、寺の障子の桟を見ると、外側にある寺と、内側にある寺がある。韓国の建築様式を受けた寺と、日本独自の寺の様式を知る一つの手がかりになる。

二十年ほど前、東ヨーロッパの科学アカデミーの招待で旅行した時、ホテルのエレベーターの階数のかぞえ方が、日本式なのは、アメリカの設計者で、ヨーロッパの設計は、一階が〇階で、日本の二階が地上一階になる。地下は、日本と同じ地下一階である。エレベータの階数のかぞえ方で、設計者の出身がわかる。日本人は知らない間にアメリカ的思考に馴らされて、それがすべてだと思っている。

モスクワのジュースの自動販売機には、ガラスコップが備えられ、ボタンを押すと、伏せたコップの上と下から水が噴き出して、洗浄できる。百貨店の電気製品売場では、製品の内部の立体設計の図面がはり出され、全部品にナンバーがつけられ、容易に部品を手に入れ修理できる。これは、アメリカの消費文化とのちがいである。

ポーランドのテレビ工場を見せてもらったが、ガラスのブラウン管も、シリコンチップのシリコンの精製も、すべて自社工場の中で作られていた。これは、だいたいヨーロッパ方式である。アメリカの、多くのものを下請に作らせて、メーカーはセットする方式とは、ちがっている。ソビエットの民生品の質の悪さをとりあげて、全体の工業水準を評価するのは、大変なまちがいである。高度な品質を要求するものは、そのような条件のある工場で作られている。

私の会社は、今まではほとんど素人のあつまりであった。だからこそ専門家の意見や知識を大事にするし、また必要性を認めている。また素人だから、今までの先入感に囚われぬ斬新なアイデアが生まれる。

アルミハンダを企業化した時、あまりに早すぎて、外国の参考文献がなかった。日本軽金属の市場開発課の穴山義正氏が、アメリカのアルミニウムの市場調査から帰って、

「日本の方がアルミはんだの実用化がすすんでおりますよ」

こんな笑い話がある。東芝で電気釜などで大量のアルミットの注文が舞いこみ、生産が間にあわず困ったことがある。その時、ダイカストの成型器を使って生産したらと百kg位を試作したことがあった。その接触部分に、石綿のパッキングをセットする。そのパッキングの石綿が、はんだの中にまじって、腐蝕の原因になることがわかってダイキャスト法による試作をやめてしまった。

その頃、馬島潤というお医者さんが創設した丸一物産という対ソ貿易をやっていた会社を、磯野信威さんに紹介してもらった。磯野さんは、有名な理研コンツェルンの大河内正敏の弟である。

その丸一物産の手でソビエットにアルミットを輸出した。最近ある文献の中で、ソビエットのアルミハンダの特許がある。何とおどろくことに、石綿をわざわざまぜている。当時、パッキングの石綿の入ったアルミハンダをソビエットに輸出してしまった。きっと、ソビエットの技術者は、一生懸命、顕微鏡の中を覗いて、不思議な繊維を発見した。石綿はアルミニウムの酸化膜を破るに役

立つと書いてある。

私は、五千冊ほどの蔵書をもっているが、一つの傾向でなく、雑学で、いろいろな分野のものを読む。若い人達に読書をすすめるが、この頃の人はあまり読まない。

この本では、アルミットKR―19のことを書いたが、同時に会社の物語りを書いた。KR―19はこれからもまだまだ伸びる。しかし伸びているうちに、もっと良い次の製品を開発せねばならない。

何時も思考の視点をかえることである。欠点は、何時も長所にかわる、あくまで柔軟性のある思考が大切である。私は、今、自分の会社を立派な会社だと思っていない。欠点が一杯ある。あらためなければいけないことが山ほどある。しかし、この改良なり改善をするには、ひとつひとつの段階が必要である。

私は、今都立広尾病院に入院している。やっと、これで原稿も書きおわって、明日は退院である。個室があいてなく、六人部屋に入室した。様々な人がいて、実にたのしい。私の筋むかいのベッドの長谷部さんは、ビルの五階からおちて顔面と、肋骨と、腰骨と、大腿骨を骨折しても、助かったが実に元気で、泣きごとを言わない。だからこそ、奇蹟的に助かったのであろう。

交通事故などで、瀕死の重傷を負った人に、絶えず声をかけて、病院へ運ぶことが大事であると、お医者にきいたが、人間は気力だと思う。

生きる力、伸びようとする力、売り上げを2倍にしよう。そのためには、会社にそれだけの底力をつけなければならぬ。

体力の回復しない人に、ジョギングせよと言うのと同じだ。その体力を回復するには、いろいろな処方箋が必要だ。私もつまらぬ社内の争いで会社の成長が三年おくれた。しかしそのことで教えられた意味は大きい。

あなたでも誰でも体力が回復したら、2倍の売り上げを、どうしたらできるかプランを立てよう。高収益を目標にしないと、その計画は挫折する。なぜなら安売りでは力がつかないから。そうすると、いろいろなことが、わかってくる。

「目から鱗（ウロコ）がおちる」

ということばがある。江戸時代の犯罪者が、盲人をよそおうために、鯉の鱗を、今のコンタクトレンズのように、目にはめると、白濁した瞳になる。その鱗をはずすと、目がよく見えるようになる。そのように、良いことも悪いことも見えてくる。見えてくれば、どの道を歩んだらよいか、誰にでもよくわかる。

〈解説〉

電子工業進展のキー・ポイントを握るハンダ技術工業

日本アルミット研究所長
工学博士　川口寅之輔
（元・明大工学部教授）

〝ハンダ〟とは

金属と金属とを接合するのには、機械的に両者をかしめるとか、ボルト・ナットを用いてこれらを接合するという手段を用いる以外にない。これに対し、ハンダ技術というのは、金属間の拡散によって、そこに新しい中間相の組織を作るというものである。

もともと、金属と金属とを互いにくっつける上での大きな障害は、金属表面に酸化物があるからであって、この酸化物さえなければ、金属の接合自体は、それほどむずかしいことではないであろう。たとえば、ニッケルと銅というように、その結晶構造が類似のもので、しかもその表面上の酸化物が皆無であれば――10のマイナス5乗以上というような超真空中でこの両者を接触させておくと、たとえ温度を上げなくても、両者の金属間で拡散がおこり、すなわち〝ハンダづけ〟が可能となる。

酸化物という邪魔物

ハンダづけし易いということは、その金属上に酸化物ができにくいとか、たとえ酸化物ができたとしても、それが除去し易いという場合に当る。

きわめて強固な酸化物の最左翼は、アルミニウムの酸化物である。これはアルミナといわれるもので、ルビー・サファイヤーの宝石とまったく同一組織の酸化物である。このことからみても、アルミニウムはもともとハンダづけしにくいものであることが知られるであろう。

逆にいうと、この酸化物が強固であるが故に、アルミニウムはさびにくいという利点があるといえる。長年の間、航空機の機体などにアルミニウムが用いられていたのは、この理由による。

アルミット・はんだの出現

現在のようにアルミニウムの用途はきわめて拡大されてきてはいるが、この泣きどころは、ハンダづけがきわめてむずかしいということにあった。

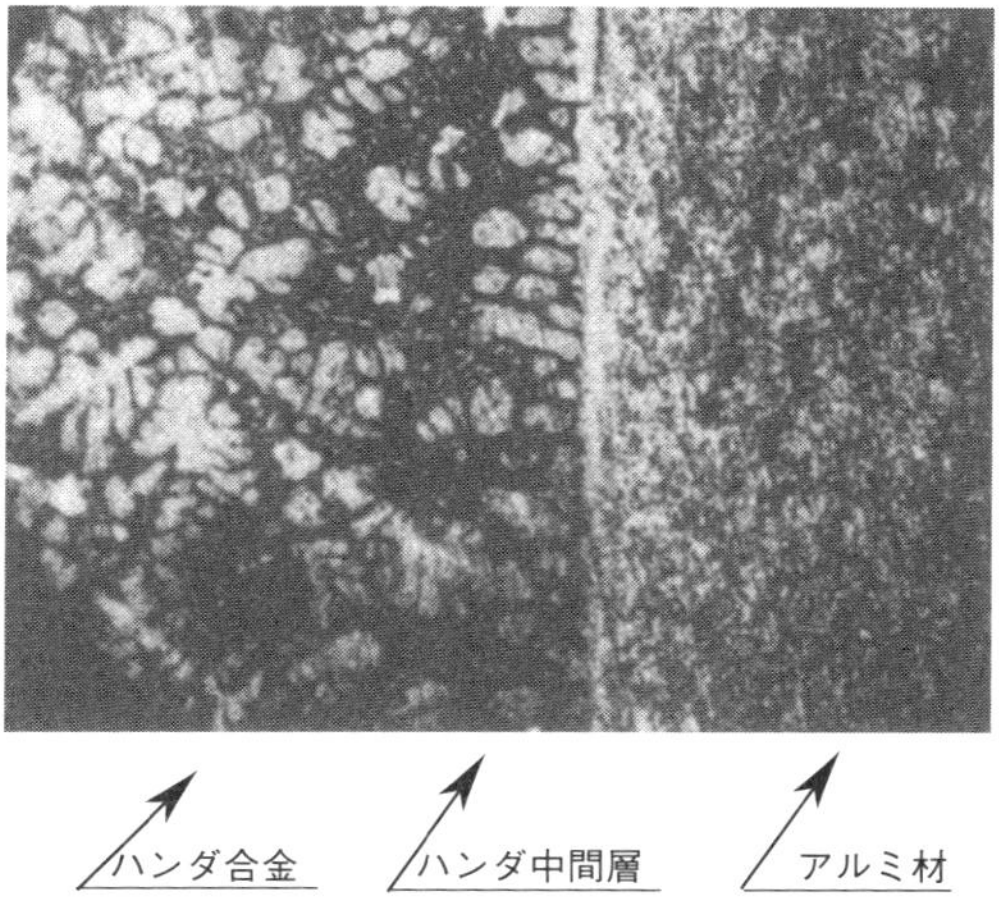

アルミット接着部顕微鏡写真

もともと、アルミニウム溶接は、アルゴンのような不活性ガス中で行なうことで、すでに完成された技術として活用されていたが、とくに薄いアルミ箔の接合には、溶接という手段が用いられない場合も多く、とくに電気製品においては、このような要求が多かった。

それともう一つ。アルミハンダの結果、接合部に新しい組織が生じるが、これと母材のアルミニウムとの間に大きい電位差のないことが要求される。もし、電位差が大きいと、両者間で電池反応を生じてしまい、その結果として腐食を起してしまうからである。

このようないろいろの問題を解決する上で注目を受けたのが、アルミットハンダの出現であった。いうなれば、ハンダ棒を用いてハンダづけしようとするアルミ金属の上を、引掻いてアルミニウム酸化物を除去し、そこに金属アルミニウム相を出現させて、ハンダづけを可能とする。

このため、一般にこのようなハンダのことを〝摩擦ハンダ〟といっているが、これは正しい表現ではない。正確にいうと、〝こすりハンダ〟という。

KR―19

アルミニウム酸化物が除去されにくいということは、前にのべた。これと同様に、クロムという金属の酸化物も、きわめて強固な酸化物といえる。この意味で〝強固な酸化物の除去〟という点では、KR―19は、アルミットとその発想を一にしたものといえなくもない。

自動車の燃料計には、ニクロム線が用いられているが、このニクロム線は、クロムを相当量含有し、その表面にはクロム酸化物ができている。このため、ハンダづけの上では、大きな障害となっていた。

クロム酸化物がいかに強固なものであるかというと、研摩剤として広く用いられていることからも、想像できるというものであろう。

関東精機という日産自動車の電装品を作っているメーカーは、とくに燃料計のニクロム線のハンダづけに手を焼いていた。

「強固な酸化物の除去ということでは、多くの経験を持っている日本アルミットに、この難問を相談してみたら」

ということで、この問題が日本アルミットに持ち込まれた。

アルミニウム酸化物の除去については、前にのべたようにハンダ棒でこするという方法と、フラックスという化学溶剤でアルミ酸化物を溶し去るという技術を確立していた日本アルミットは、後者の技術の発想を、ニクロム線のハンダづけに応用された。もちろん、アルミニウム酸化物とクロム酸化物とはまったく異質のものであるから、その間にいろいろの苦労のあったことはいうまでもない。

実験は、試行錯誤の連続であった。

その結果、関東精機からその使用結果について太鼓判が押された。

このＫＲ—19の特徴は、ニクロム線ハンダのハンダづけの上で有効であるということが判明したほか、きわめてハンダづけ時間が短縮できるということが分ってきた。

ハンダづけ時間がきわめて短縮されるということは、量産化を可能とする以外に、副次的に半導体基板を熱的に損わないという利点も生まれ、広く半導体産業においても注目を受けて現在に至っている。

舶来思想は生きていた

京セラの稲盛社長が自社製のアルミナ基板を売込むについて、日本のメーカーは初め問題にしなかった。

いちどこれがアメリカの大手メーカーによる採用ということによって、日本のメーカーも、「アメリカの大手で採用したから間違いない」ということで、京セラの基板を採用してくれるようになった。

日本人の長いあいだの〝舶来主義〟も、今だに変っていないようにみえる。

日本アルミットのKR—19も、外国、とくに電子工業のパイオニア的存在であるアメリカの大手メーカーで採用されたという背景によって、ここにきて一段と脚光をあびるようになってきている。

〝ハンダ〟という従来では、ほんの小規模工業と目されていたものも、世界を相手とすると、これはきわめて大きく、電子工業の進展のある限り、ハンダづけ作業は縁の下の力持ち的存在とはいえ、大きなキー・ポイントをにぎっているともいえるようだ。

未来のハンダづけ

〝物をつける〟という意味での接着剤の進歩も激しい。しかし、接着剤を用いると、その中間相はプラスチックという不良導体である。これに対し、ハンダづけの場合には、金属であるから、良導体である。

昭和59年4月，東京都秋川市に完成した日本アルミット研究所

このごろでは、新素材としてセラミックが注目されている。このような未来像からいうと、セラミックスと金属とのハンダづけという技術も、当然のこととして要求されてくるであろうから、セラミックハンダは、未来のハンダづけといえる。

日本アルミットは、この点でも新技術を発展させてくれるであろう。

あとがき

市民出版社の編集長の広田俊明さんに、この本の企画をきかされた時、正直おことわりした。たまたま右足の複雑開放骨折のプレートをはずす手術をするため都立広尾病院へ入院した。広田さんの熱心で誠意のある説得に負けた私は、入院中、せっせと書かされた。

「いかにして、二年間で売り上げを倍増したか」

のテーマで書いてくれと頼まれた。

作家でない私は、事実を書く以外に手はないと考えた。私は、熊野の海青く空青い無垢の世界で、牛の尻を鞭で叩いて生きてきた。

旧制新宮中学の歴史の長崎武次郎先生は、『十八史略』の一節を教えて下さった。

「鼓腹撃攘して帝王何ぞ恐るるに足らんや」

「腹鼓を打ち土地を耕せば帝王など恐れることはない」

善政の極みだという意味であるが、百姓をすれば、なにも恐れるものがない、と私は考えた。戦後の食糧難もあって、私は百姓の世界に入った。未知の世界であったが楽しい十年間を過した。

私は、父に呼ばれて東京へ出て、人間世界のおぞましさ、みにくさを味わった。商売ほど嫌なものはない。道を歩いていても、気がつくと、「嫌だ嫌だ」と口ずさんでいた。

だからこそ、負けられるものかと思った。零細企業が生きてゆくには、技術しかない。しかし、技術だけでは生きてゆけぬ。営業も宣伝も海外戦略も、すべて奇想天外、しかも科学的でなければならぬ。それが本当のベンチャービジネスと言うのであろう。

それには、どうすべきかに腐心した。私の二度の大病は、

「何時死ぬかも知れぬ」

死ぬと考えたら、こわいものはない。その気迫にこたえて、役員も社員も働いて、売り上げが二倍になった。ただ肝腎なのは、科学的な裏づけがあるので、お題目をとなえたわけではない。

新宮商行の先代社長坂口茂次郎氏は、父の恩人であるが、座右の銘として、

「物を売るには、最高の値で売るな。物を買うには、最低の値で買うな」

常に相手の利益を考えた。だから茂次郎さんの売る物なら山を見ないでも買える。また売ることもできると人に慕われた。

商取引は、最後は人間の信頼関係である。今、営業の人達を教育している。人を動かすのはむつかしい。三〇%の人が効果的な力を出している。三〇%はまだ戦力をほとんど出していない。それでも売り上げが二倍になった。みんなが効果的に力を出す教育を、あせらず、きびしく、あたたかくすすめてゆかねばならぬ。

この中には、生ぐさい話が沢山出てくる。会社のイメージダウンになるから割愛せぬかと、広田さんに言われた。人を批判することは、自分を批判することである。親子の一枚岩が崩れた時、他人に乗ぜられた自らの恥を描いたにすぎない。ここに悪役で登場する人物も、私から見た人間像で、それぞれの正義や主張があろう。それを否定はしない。その中で生き残らねば、仕事ができないことを書きたかった。社員や子供たちのための物語りである。時代は常に流動的である。私のような土百姓でさえ、必死になれば、スペースシャトルに使うハンダさえ作れる。人間三十年その道に打ちこめば、天下をとり得るという自信と誇りをもつことができる。

人間の一生は、芝居のようなものだ。脚本のセリフどおり、しゃべっても、人に感動をあたえるものではない。感動をあたえるものはなにか、そこに私達の活動の源泉がある。

幕があいている間が、人間の一生である。一日一日が自分の歴史を書いている。そう考えると、一日をあだやおろそかにできない。

おわりに、この出版の機会を作っていただいた市民出版社の広田編集長をはじめ関係者の皆さんに謝意を表したい。

著者紹介

沢村経夫
昭和3年和歌山県新宮市に生まれる。詩人，紀南文学，紀南詩集を主宰。「溶接新聞」に歴史，民俗随筆『冬扇夏炉』120回連載。「ウエルエンジニアリング」に『日本人と植物』を連載。「燥祭」に『祖父沢村胡夷のことなど」「田淵豊吉とその死』『結綿考覚書』『石垣栄太郎と熊野』『野村愛正と熊野』を発表。昭和56年，「熊野の謎と伝説 ── 日本のマジカル・ゾーンを歩く」を工作舎から処女出版。現在，日本アルミット（株）代表取締役。
〒206－0013
東京都多摩市桜ヶ丘2－23－8
TEL：042－375－4591

宇宙を翔ぶＫＲ—19　スペースシャトルを成功させた画期的ハンダ

2008年10月17日　改題、改装版　第一刷発行
■著　者　　沢村経夫
■発行者　　犀川真佐子
■発　行　　(株)市民出版社
〒168-0071 東京都杉並区高井戸西2-12-20
Tel. 03-3333-9384　Fax. 03-3334-7289
郵便振替口座：00170-4-763105
Ｅ－ＭＡＩＬ：www@shimin.com
■印　刷　　株式会社シナノ
落丁・乱丁本はお取り替えいたします。

ISBN978-4-88178-057-2 C0034 ¥1200E　Printed in Japan